安価な機材、100均小物でおしゃれに演出

SNS・ネットショップ・
フリマで映える

スマホで撮る
商品写真

［小物・料理・人物・インテリア］

iPhone・Android対応

高原 マサキ

JN212790

「こんな写真があったらいいのに」というお悩みは本書とスマホカメラだけで解決できます。

SNS、ネットショップ、フリマなど、インターネットを使ったネットビジネスには、「見せる！」、「惹き付ける！」、「購入につなげる！」という各場面で、さまざまな写真が欠かせません。ただ、プロに依頼したり、ストックフォトで購入するのは、費用もかかるし、満足いく結果につながらないことも。本書は、そんな悩みをスマホで解決するためのノウハウを詰め込みました。使用した機材はネットショップで、演出用の小物のほとんどは100円ショップで手に入ります。まずは、ページをめくってみて「いいな」と思ったところから撮影してみませんか。

商品写真

イメージ写真

スマホを使って自分で撮影すれば
商品に合わせた自在な表現が可能です

使用写真

箸上げ写真

第1章 静物撮影の基本と必要な機材

まず始めに、スマホカメラの基本的な使い方を確認しておきましょう。ピント合わせ、ボケの作り方、露出補正のほか、必要な機材や撮影アイテム、その使い方についても解説していきます。

大きくぼかす

露出を変える

撮影アイテムを使う

第2章　静物写真の撮影テクニック

基本的な構図から、さまざまな演出のテクニックまでを取り上げていきます。数多く知っておくと応用が利き、さらに組み合わせれば表現の幅が広がるでしょう。

背景を工夫する

光と影を生かす

映り込みを見せる

構図を作る

第 3 章 ショップやフリマで映える写真の見せ方

商品を直接手に取ることができないネットショップやフリマなどでは、閲覧者を惹きつける見せ方、誤解を招かないための見せ方が必要になります。そんなノウハウを紹介していきます。

ディテールを見せる

商品の特徴をイメージで見せる

性能を表現する

見映えを工夫する

第4章 人物イメージ写真の表現方法

商品写真に人物を入れると、多くの効果が生まれます。
この章では、人物イメージ写真の撮り方やバリエーショ
ンを取り上げていきます。

機能をアピールする

商品を使うシーンを作る

魅力を感じさせる

第5章 業種別 仕事写真の撮り方

業種が違えば商品が異なり、必要となる写真も変わってきます。ここでは代表的な業種を取り上げ、効果的な写真を撮るためのテクニックを実例で示していきます。

レストラン・カフェ

雑貨店・ギャラリー

不動産ショップ

第6章 スマホを使った写真の補正と加工

撮影時に気づかなかった失敗写真や「こうしておけばよかった」という写真も、スマホを使えば後から補正できます。簡単な補正や加工を知っておくだけで、より魅力的な写真に改善できるでしょう。

色味を変える

トリミングする

パースを変える

第3章

ショップやフリマで映える 写真の見せ方

第4章

人物イメージ写真の 表現方法

静物撮影の基本と必要な機材

静物撮影とは、商品を始めとするモノの写真を撮ることです。もちろんスマホのカメラで手軽に撮影できますが、いろいろな表現を行うための機能を知っておくと、伝えたい内容に合った写真を容易に撮ることができます。併せて、撮影に必要となる機材も紹介していきます。

1-01
カメラアプリの使い方

カメラアプリの操作方法と初期設定

はじめにスマホのカメラアプリの大まかな操作方法と使いやすい設定について解説していきます。本書では、iPhoneの標準アプリのほか、iPhoneとAndroid共通で使えるLightroomモバイル版を取り上げていきます。

iPhoneカメラアプリ

本書で必要となるiPhoneのカメラアプリ機能をまとめました。

初期画面

詳細メニューへの切り換え

記録形式

露出補正

撮影倍率

撮影モード

シャッターボタン

画面はiPhone15

詳細メニュー画面

画面の縦横比

| 1:1 | 4:3 | スクエア | 16:9 |

3種類から選べます

露出補正

+1.0　　　露出

−2〜+2の範囲で露出補正できます

※iPhone、Androidそれぞれのアプリについては、機種やOSのバージョンによって操作が異なることがあります。

iPhoneの初期設定

カメラアプリの設定は、「設定」→「カメラ」にまとめられています。

設定→「カメラ」画面

フォーマット →カメラ撮影

「高効率」は、写真の画質を保ちながら保存容量を小さくできます（静止画をHEIFで記録）。「写真」アプリから簡単にJPEG変換できます。通常はこちらを選択するのがおすすめ。「互換性優先」は、PCに取り込んで他のアプリでそのまま使いたいときに選びます（静止画を常にJPEGで記録）。

※各メニューは機種によって異なります

構図

「グリッド」をオンにすると画面を縦横3分割するグリッド線が表示され、「水平」をオンにすると水準器が表示されます。

水準器

フォーマット →写真撮影

「写真モード」は、写真の記録サイズ（大きいほど高画質）を指定します。「ProRAW」は、高画質を保ったまま写真の後調整が可能です。記録サイズが大きいので注意が必要です。

設定を保持

「設定を保持」をオンにしておくと、撮影時に設定した各種項目がリセットされず保持されます。頻繁に撮影するとき、アプリを起動するたびに設定し直す必要がなくなります。

※ProRAWは、iPhone12 Pro以降で使用可。

Androidカメラアプリ

本書で必要となるAndroidのカメラアプリ機能※をまとめました。Androidのカメラは機種ごとに異なりますが、カメラが3つ以上ある機種なら、ほぼ同様の機能が搭載されています。

初期画面

フル解像度／倍率の切り換え
（フル解像度オフで、撮影倍率が変更できる）

タイマー／アスペクト比／設定

グリッド線

水準器
色が変わ
れば水平

撮影倍率

撮影
モード

シャッター
ボタン

タイマー／アスペクト比（縦横比）

タイマーはセルフタイマー。アスペクト比
は4種類から選択できます

設定しておきたいのは、「水準器」
と「グリッドとガイド」。ともにオンに
すると左上の画面のようになります

撮影倍率

アイコンは、0.6倍、1倍に設定され、右
端を選ぶと自由な倍率を設定できます

ここでは、Android 12の搭載アプリで解説しています。機種やOSのバージョンによって操作が異なることがあります。

撮影モードの使い分け

カメラアプリには、撮影モードとして「ポートレート」と「その他」が用意されています。

撮影モード「ポートレート」

「ポートレート」は、被写体の前後にボケを作りたいときに使うとよいでしょう

絞り（f値）の変更

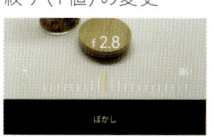

絞り（ぼかし）量を変更できます。小さいf値にするとボケ量は大きくなり、大きいf値にするとボケ量は小さくなります

写真の仕上がり

「フィルター」から、各仕上がりを選択すると、色味やコントラストなどが組み合わされ、写真の雰囲気が変わります

撮影モード「その他」→「PRO」

撮影のための詳細な設定を自分で決めたいときはプロモード（PRO）を使います

AUTO
に戻す

① ISO感度
感度を上げると、暗い場所でもぶれずに撮れます

② シャッター速度
意図的にブレを作り出したいときなどに変更します

③ 露出補正（EV）
写真を意図的に明るくまたは暗くしたいとき操作します

④ フォーカス
ピント位置を厳密に決めたいとき、マニュアル操作します

⑤ ホワイトバランス（WB）
ホワイトバランスにより、色味（色温度）を変更できます

撮影のPoint | ブレを防げるボタンと設定

カメラアプリのシャッターは画面のボタン部分をタッチするため、構えた片手を離すことになりブレを引き起こしやすくなります。これを防ぐためにはいくつかの方法があります。iPhoneでは、あらかじめ音量ボタン（＋）にシャッターボタンが設定されているので、スマホを構えた状態でシャッターを押すことができます。また三脚を使う場合は、音量調整機能が付いたイヤホンケーブルをリモコン代わりに使う方法があります。Androidでも同様に音量ボタンが使えます。

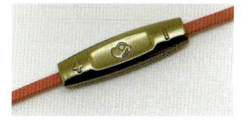

Lightroomモバイル版（iPhone／Android）

「Lightroomモバイル版（以下Lightroom）」は、Adobe社が提供しているアプリで、内蔵カメラによる撮影機能、写真の整理・編集機能（現像機能）を持っています。基本的な機能は無料で利用でき（インストール時に［プレミアム版を試す］を「×」にする）、カメラアプリにはない機能を持っていることから、本書の解説でも必要なときに取り上げていきます。

撮影画面

ファイル形式（DNG＝RAW／JPEG）
アプリ設定

撮影画面の終了（初期画面へ）

アプリ設定画面
セルフタイマー

ハイライト表示

画面の縦横比
縦横比
16:9　3:2　4:3　1:1

グリッドとレベルの表示
グリッドとレベル
右端がレベル（水準器）です

シャッターボタン
モード切り替え

レンズの切り換え（撮影倍率）
露光量ロック（AEロック）
プリセット画質設定

設定
設定
画面の明るさを最大にする
写真にジオタグを付ける
HDR（ハイダイナミックレンジ）
未処理の元画像を保存
HDR画像に加え、未処理の元画像を保存します。
各種の設定を決めます

撮影画面を表示するには、Lightroomの初期画面（Androidでは［編集を確認］）から、📷 をタップします。

　機種によって操作や名称、数値などが異なることがあります。

Lightroomモバイル版のプロフェッショナルモード

Lightroomモバイル版のモード設定が「AUTO（自動）」になっていると、撮影時の詳細な設定が行えません。「モード切り換え」から「プロフェッショナルモード」を選択しましょう。

撮影画面（プロフェッショナルモード）

各種設定

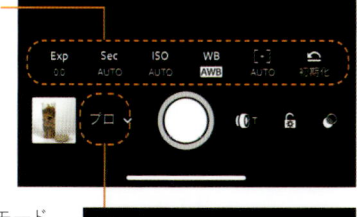

モード
切り替え

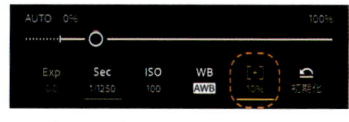

マニュアルフォーカス（ピント位置）

ピントが合った
部分はグリーン
で表示されます

0%（手前側）〜100%（奥側）まで、手動でピント位置を変更できます。

露出補正

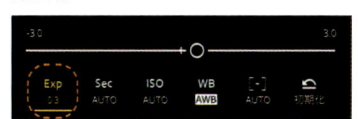

±3の範囲で露出補正（p.30）ができます

シャッター速度

1/10000〜1秒の範囲で設定できます

ISO感度

感度25〜2000の範囲で設定できます。オートにしておくと、シャッター速度が遅くなることで自動的に感度が上がります

ホワイトバランス

オートのほか、プリセットとして「タングステン（昼光）」蛍光灯、昼光、曇天が用意され、「カスタム」を選ぶと、その場の光でホワイトバランスが取れます（p.35）。撮影が終わったら、右端の「初期化」でオートに戻しておきましょう

撮影機材

静物撮影には
三脚と照明が必要

三脚・雲台

ブレを防ぎたい静物写真では、撮影中にスマホが動かないよう三脚が必須です。価格は数千円から数万円までありますが、しっかりとしたものを選びたいものです。三脚に付属する雲台には大きく2種類あるので、実際に試してから購入するとよいでしょう。また、スマホを雲台に取り付けるためにはスマホ用ホルダー（2000〜3000円程度）が必要です。

スリーウェイ雲台

2つのグリップによって前後の傾きと左右の傾きを別々に操作できます

自由雲台

レバーを緩めると、どの方向にも向きを変えることができます。水平がとりずらいのでカメラの水準器を併用しましょう

雲台への取り付け

スマホ用ホルダー

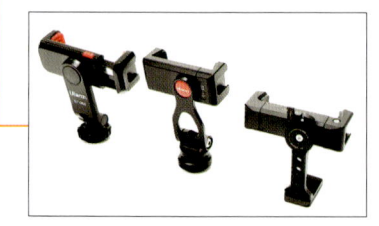

ネット通販などで多くの種類が販売されています。取り付けるスマホによって使い勝手が異なります

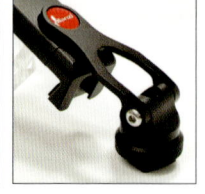

使い勝手の違いは、スマホを締め付けるバネの強弱、回転軸の長さ、前後の傾き、雲台への取り付け方式などです

雲台への取り付けは、ネジを回して止める方式と、前後から締めつける方式（アルカスイス方式）があります

照明機器・撮影台

窓際やバルコニーなどの自然光は、いつも最適な条件になるとは限りません。照明機器があれば、天候や昼夜を問わず撮影が可能です。撮影頻度や枚数などによって最適な機器は異なります。アマゾンなどの通販ではセット品も販売されているので、まずはそこからスタートするのもよいでしょう。照明機器の使い方は、第2章のp.66〜67で解説しています。

ビデオライト（スタジオライト）

LEDによる照明で、日中色や電球色など、色を変更できます。光量は、60W〜200Wくらいがおすすめ

撮影ボックス

小さなものを撮影するなら手軽で便利。たたんで収納できます。ライトは半透明に透過する上部とサイド部からあてます。LEDライト付きならセッティングもラク

ライトボックス

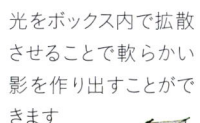

光をボックス内で拡散させることで軟らかい影を作り出すことができます

撮影台と背景紙

アンブレラ

ライトボックスより、さらに光を拡散します。持ち運びするときも便利

撮影台は、テーブルに構造用合板を敷くのが手軽。背景紙は汚れやすいのでロールタイプが便利です。ハンガー台や物干し竿で自作してもよいでしょう

撮影のPoint｜ ブレを防ぐカメラグリップとリモコン

カメラグリップは、Bluetoothでつながるシャッターボタンが付いており、しっかり保持できるので安定したシャッター操作が可能になります。また三脚を使う際には、リモコンを使うとブレなくシャッターを切ることができます。

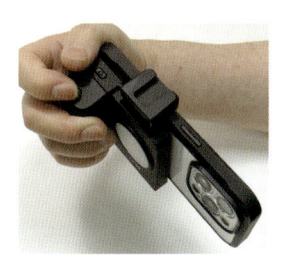

スマホカメラの基本操作

ピント位置によって印象が変わる

― 目立つ部分／見せたい部分に合わせよう ―

１枚の写真の中にピントが合ったところとぼけたところを作ると、ピントが合ったところに注目させることができます。被写体の中で一番見せたいところを考えて、ピント位置を決めるとよいでしょう。

ピント位置の操作

ピントを合わせたいところでタップすると四角枠が出て、その部分にピントが合います。再度別の所をタップすると、ピント位置を変更することができます。

ビンの蓋にピント

ラベルにピント

撮影のPoint｜ ピントを意識させるためには

「写真」モード

「ポートレート」モード

ピントを意識させるためには、ピントが合っていない部分を大きくぼかすと効果的です。iPhoneの場合、通常の「写真」モードを「ポートレート」モードに切り換えます《ぼかし方の詳細はp.24を参照》。

スマホカメラの基本操作

別の被写体を使って
主題を引き立てる

2つの被写体を前後に配置すれば、ピントを合わせる位置によってどちらかをぼかし、「後ボケ」、「前ボケ」を作り出すことができます。その際、主題と副題がかぶらないように対角線上に配置するとよいでしょう。また距離を調整し、画面上の大きさにメリハリを出すのも1つの方法です。

「後ボケ」と「前ボケ」を作り出す

カメラ任せでシャッターを切った場合、通常は前側の被写体にピントが合います。前ボケを作るためには意識して後ろ側の被写体にピントを合わせる必要があります。

ピント位置が前側の花

ピント位置が後ろ側の花

撮影のPoint | 主題に近づいてふんわり感を出す

ボケを作るには、ポートレートモードにします。ボケ量は、ピントが合った位置から離れるほど大きくなります《詳細はp.28を参照》。副題を離すことができない場合、カメラをできるだけ主題に近づければ、それほど離れていない部分でも大きくぼかすことができます。主題の周囲がぼけていれば、ふんわりとした印象になります。

スマホカメラの基本操作

ポートレートモードで
大きくぼかす

大きくぼかすためには、絞り、被写体との距離、背景との距離が関わってきます。
このうちの絞りとは、レンズの絞り羽根によって光の通り道を調整することでボ
ケ量を変える機能です。ほとんどのスマホカメラにはレンズに物理的な絞りが
付いていないので、ソフトウェアで擬似的なボケを作り出しています。

撮影モードの違い

モードによるボケ量の違いです。Lightroomでは後処理でボケ量を調整します（p.155参照）。

「写真」モード

「ポートレート」モード

絞りの違い

「ポートレート」モードでは、f値を変更することでボケ量をコントロールできます。f値を大きくするとボケ量は少なくなり、f値を小さくするとボケ量は大きくなります。

f4.5

f1.4

スマホカメラの基本操作

被写界深度を
知っておけば
ボケ表現が自在になる

被写界深度とは、ピントが合った位置を中心に、ピントが合って見える範囲を示しています。「合って見える」とは、厳密にはただ一点にしか合っていないものの、見た目には合っていること。上の写真は真上から写し、ボトルまでの距離を合わせることで、どれもくっきり見えるようにしています。

ボケ量は距離と絞りで決まる

被写界深度は、絞り値を小さくするほど範囲が狭くなる特性を持っています。この写真では、「ポートレート」モードを使い、絞り値をF1.8にして、7本のボトルのうち中央にピントを合わせています。前後ともに中央のボトルから離れるほど大きくぼけているのがわかります。

ピント範囲が狭いことを「被写界深度が浅い」、ピント範囲が広いことを「被写界深度が深い」といいます

距離が同じならピントが合う

被写界深度は「点」ではなく「面」で決まります。これは、レンズから同距離ならピントが合うということになります。また、スマホカメラは被写界深度が深いので、通常の「写真」モードで撮影すれば多少の距離の違いは吸収できます。右の写真では、厳密にはすべてのボトルにピントが合っていないものの「合って見える」写真になっています。

「ポートレート」モード

「写真」モード

スマホカメラの基本操作

露出補正で
主題を正確に写す

黒い背景に白い皿、主題が白いサンゴという組み合わせは、画面を占める面
積によって適正な露出になりにくい組み合わせです。というのも、カメラは
画面全体を見て暗ければ明るくし、明るければ暗くしようとするからです。
撮れた写真が思った明るさと違うと感じたら「露出補正」を行いましょう。

明るい面積が多いときは暗く写る

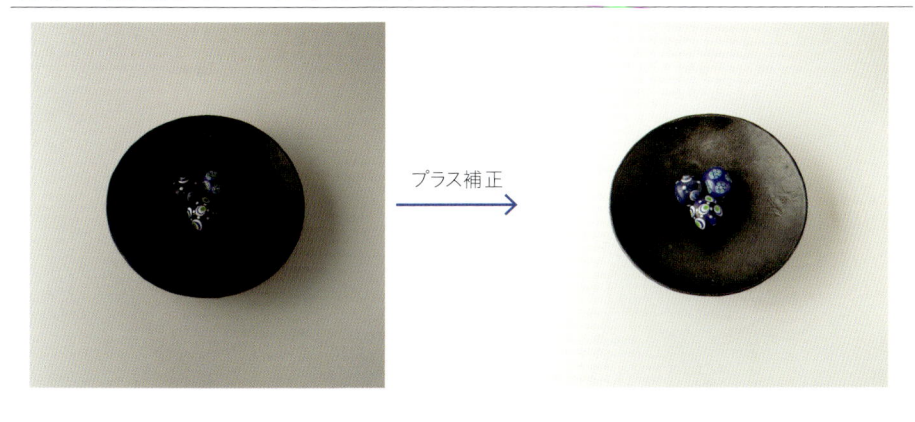

プラス補正

暗い面積が多いときは明るく写る

マイナス補正

撮影のPoint | 主題を中心に補正する（AE/AFロック）

上の2例は、それぞれ背景を白と黒にして、黒い皿（同じもの）を撮影したものです。カメラ任せでは画面全体の皿の面積が小さいため、背景の影響を受けてグレーに近づけようとしています。また露出補正の操作は、主題にタッチすると表示されるピント枠右の露出バーをスライド操作します（数値による操作も可能）。ただし、シャッターを押す前に構図が動いてしまうと元に戻ってしまうので注意。これを回避するにはピント枠を長押しして「AE/AF」ロックすると露出とピント位置が保持されるので便利です。

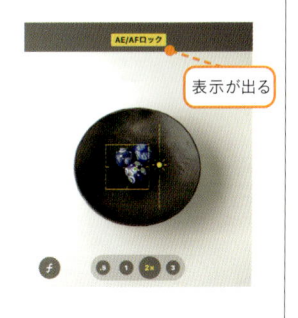

AE/AFロック

表示が出る

露出補正で主題を明確にする

グレーの背景は適正露出にしやすい

カメラが自動で行う露出の基準は白と黒の中間（18％グレー）です。そのため、あらかじめ背景をグレーにしておけば、露出補正が最小限で済みます。主題の色にかかわらず見た目も良いので、理想的な背景といえるでしょう。

色によって適正露出は異なる

色にはそれぞれ最適な明るさがあり、バランスが崩れると違和感を感じてしまいます。上のように明るい黄色を基準値である18％グレーの露出で撮影してしまうと、くすんだように見えてしまいます。一般に、グリーンやブルーはグレーに近い明るさが自然に感じられるのでカメラ任せでかまいませんが、イエローやレッドを違和感なく写すには補正が必要と考えておきましょう。

撮影のPoint 「明るさ」、「暗さ」でイメージを変えてみよう

商品を正確に伝えるなら適正な露出で撮ることが求められますが、イメージ写真として見せるなら主題が魅力的に見える露出にしてみましょう。下の例は鉄製の黒皿が商品です。黒皿全体の模様を伝えるならやや明るめの露出、黒皿の質感を伝えるなら中間の露出、黒皿の素材である鉄の黒さを伝えるなら背景が漆黒になるよう暗めの露出にします。このように、伝えたいイメージで露出を決めるのも1つの方法です。

鉄の模様（明るめ）

鉄の質感（中間）

鉄の黒さ（暗め）

スマホカメラの基本操作

ホワイトバランスで本来の色を表現する

光はさまざまな色を持っており、光の色によって被写体の見え方が異なります。朝の光は青っぽく、夕方の光は赤っぽくといったことです。イメージ写真なら問題ありませんが、商品写真では「注文した物と違う！」といったクレームにつながりかねません。ホワイトバランス（WB）を考慮しておけば、印象の違いによる失敗を防ぐことができます。

商品写真では正しい色が求められる

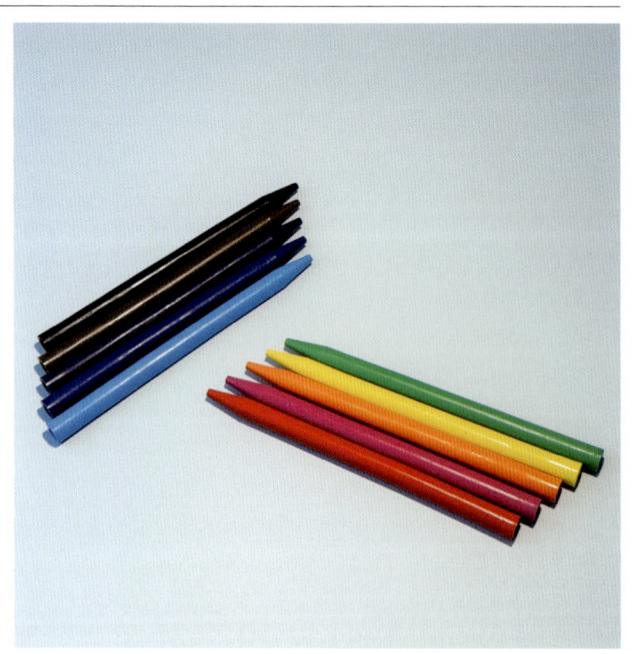

タングステン

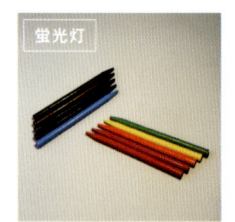
蛍光灯

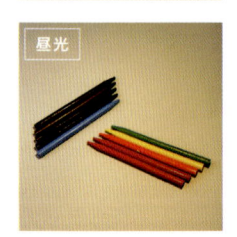
昼光

曇天

薄いブルーの用紙を敷いて撮影。こちらが被写体本来の色に近いもの。右の4枚は、Lightroomを使ってプリセットWBを変更し、その違いを並べたものです。光によっては、濃い色ほど見分けが付きにくくなっています

ホワイトバランスの設定方法

ホワイトバランス（WB）とは、どんな光源下であっても被写体本来の色にするための機能です。操作するためには、WB機能を持つアプリ（ここでは「Lightroom」を使っています）が必要です。簡単なのは光源に合ったプリセットを選ぶこと。例えば、電球色の光の下で撮るなら「タングステン」を選べばOKです。

LightroomのWBメニュー

電球色のLEDの下でそのまま撮影

WB「タングステン（電球）」に設定して撮影

｜撮影のPoint｜ WBのカスタム

プリセットのWBを選んでも、現物の色と異なると感じたら、WBをカスタムしてみましょう。この機能は、実際に撮影する光源下で白またはグレーを認識させる方法です《詳細はp.40参照》。特に外光が入る窓際と室内照明が混じり合う環境下では効果的です。方法は、グレーカードを光源に照らされている被写体の近くに置き、それでカスタムをとります。グレーカードがないときは、白い用紙や白壁でも代用できます（必ずしも正確ではありません）。

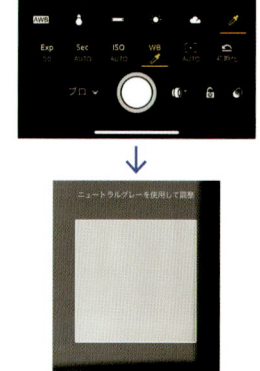

2つの光が混じり合う状況は、プリセットWB（あらかじめ用意されているWB設定）ではうまくいかないことがあります。カスタムWBにしてみましょう

撮影アイテム

プロも愛用する
静物撮影用のアイテム

練り消しゴム

練り消しゴム（練りゴム）はチューインガムのようなもので、静物の後ろ側にくっつけることで好きな角度で立たせ、立体的に見せることができます。後ろに物を置くよりも微調整しやすく、安定します。もともとはアート用品で、数百円程度で手に入ります。

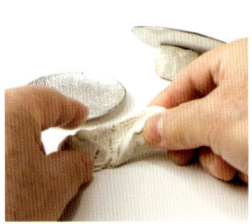

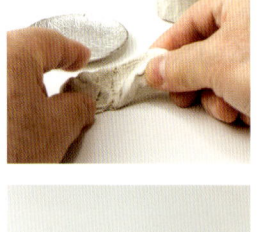

パーマセルテープ

紙をベースにしたガムテープのような写真用品です。特徴は紙にシボ加工が施されて柔軟性があり、物の形状に合わせて貼ったり、裏向きにクルッと丸めることが容易です。はがしやすく粘着物の跡が残らないのも使いやすいポイントです。

黒と白があるので、状況によって使い分けましょう

  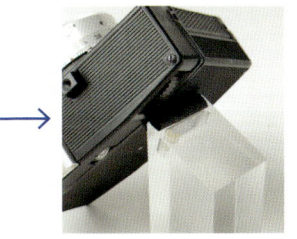 

重量のある物は、練り消しゴムではつぶれてしまい、安定しません。そこでアクリルキューブ（p.39参照）にパーマセルテープを貼って台にしています

ホワイトワックス

その名の通り白いワックスで、やや粘度があります。主な用途は小さなアクセサリーを立たせること。中でも指輪の撮影には必須のアイテムです。サッと拭き取れるので、テープのように跡が残る心配はありません。

写真は、撮影機材として販売している製品で数百円程度で購入できます

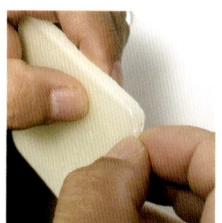
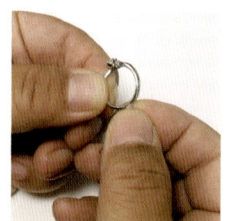
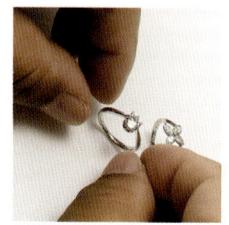
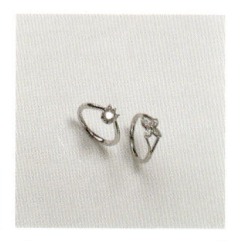

ホワイトワックスをリングに隠れるくらいに小さくちぎり、下にくっつけて下地のアクリル板に押しつければ、うまく立たせることができます

指輪などリング状のアクセサリーは、寝かせて撮ると特徴が伝わりにくいものです。ホワイトワックスで立たせることで目を引く写真になるでしょう。写真では下地にホワイトアクリル板を使い、映り込みで立体感を出しています (p.55参照)

写真は、ホワイトワックスの位置がわかるようにはみ出させています。

アクリルキューブ

切り抜き写真を作るとき、被写体を浮かせることで下部のエッジをきれいに見せることができます。また、被写体を立たせるときのサポートに用にも使用します。

撮影する被写体によってさまざまな形状があります。また、被写体を立たせるときのサポートに用にも使用します

エッジにかからないように、やや内側に入れて浮かせます。ビンを撮るための円柱を使用するときは、黒の敷紙を使うと底がクッキリします

レフ板

光源に照らされた被写体の反対側を明るくするために使う反射板。影をやわらげる効果もあります。より強く光をあてたいときは、「銀レフ」、影を強調したいときは「黒レフ」を使うことがあります。

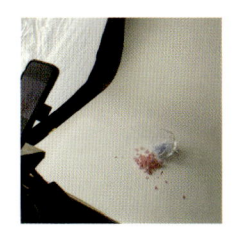

左側からの光源に対し、被写体の陰になる右側は暗くなります。レフ板を使って明るさを均一にしましょう

市販のレフ板もありますが、大きな被写体でなければ、スチレンボードを使いやすい大きさにカットしたり、厚紙にコピー用紙を貼ったりして自作できます（写真は折りたたみ式で、裏面が銀レフ）

39

グレーカード (ホワイトバランスカード)

被写体の色やその場の光によって、色がうまく再現できないことはよくあります。グレーカードを被写体と一緒に写しておくことで、後から写真アプリやPC用のソフトウェアを使って本来の色に調整することができます。

比較的安価なカードタイプのほか、収納しやすいコンパクトタイプもあります

グレーカードの使い方

表示されている被写体の色に違和感があったときは、その場の光でホワイトバランス (WB) をとります。iPhoneの「写真」アプリには機能がないので、「Lightroom」を使っています。

Lightroomでは、「プロフェッショナル」モードから「WB」を選び、右端のスポイトマークを選択。右のような画面になるので、グレーカードを被写体が受けている光源に向けて枠内に入るようにしたボタンを押せばOK。その光源下でのWBがとれます

カメラアプリで撮影

Lightroom「AUTO」で撮影

光源下のWBで撮影

スチームアイロン／粘着クリーナー

背景に使う布はピンと張っていたほうがきれいです。スチームアイロンを用意しておくと、服を撮影するときにも重宝します。粘着クリーナー（通称コロコロ）は細かいゴミ取りに便利。

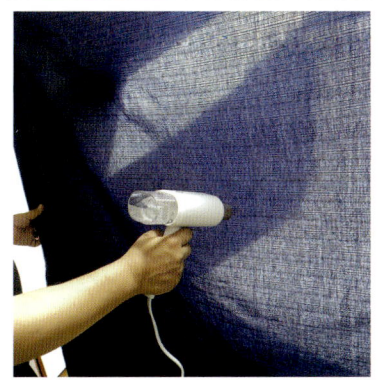

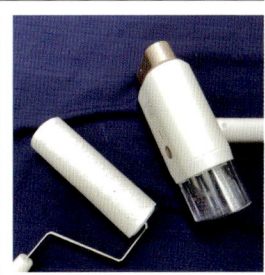

ハンディタイプのスチームアイロン。背景布を吊るしてかけるとシワが良く取れます

クリップ／文鎮

クリップは、背景紙や背景布を吊るしたり、ちょっと留めたりしたいときに便利。文鎮は丸めた背景紙を押さえるときなどに使います。ともに被写体への写り込みを避けるため、黒いものを選ぶとよいでしょう（写真の文鎮は、黒いパーマセルを貼っています）。

ロングライト／懐中電灯

被写体の一部を明るくする、スポットライト効果を出したいといったときに使います。下のように、明かりの色を変えられる製品もあります。

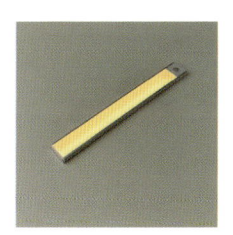

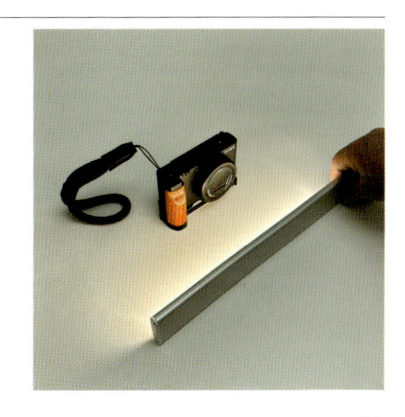

ブロアー

小さなゴミや埃を吹き飛ばすときに使います。ポンプの大きさや柄の長さによって、さまざまなタイプが販売されているので、いくつか持っていると使い分けができて便利です。

グルーガン (低温タイプ)

被写体を固定したいときや、立たせたいときに使用します。アクリルキューブでは不安定になる重量のあるものや複数のアイテムを組み合わせたいときにも便利。剥がしにくいときはアルコールを染み込ませると容易です (変色に注意)。100円ショップなどでも販売されています。

拡大ルーペ

指輪の刻印やキズなど、小さな部分を確認したいときなど、持っていると重宝するアイテムです。

第2章

静物写真の撮影テクニック

スマホカメラの基本的な使い方をマスターできたら、表現方法のベースとなる撮影テクニックを学んでいきましょう。本章では、構図や背景の作り方、光や影の生かし方などを解説していきます。

商品写真とイメージ写真

商品の伝え方を
工夫してみよう

●主題●
12本組みの
編み棒

革製の収納箱に入ったかぎ針はカラフルで目を引きます。たくさんあるのは見て取れますが、いざ購入しようと考えたら「何本組なのか」、「サイズはどれくらいなのか」、「使い勝手は良いのか」といったことが気になります。商品を伝えるには、目を引くイメージ写真と情報を正確に伝えるための商品写真が必要です。

商品写真

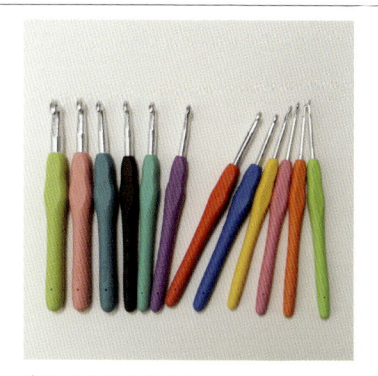

商品の本数を伝える

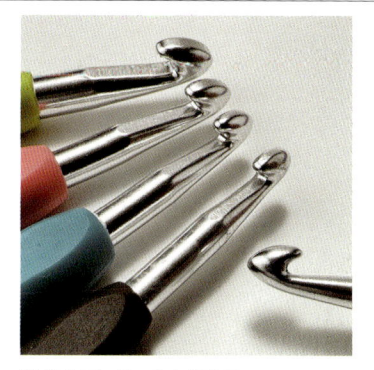

詳細なディテールを伝える

イメージ写真

毛糸を入れて用途を伝える

多色の華やかさを伝える

撮影のPoint 使う場面が伝わる写真も入れよう

商品写真とイメージ写真だけでも
購入につなげることはできますが、も
う一押しするのであれば「どうやって
使うか」を知るための写真があると
購入につながりやすいでしょう。右
の例は、「かぎ針を使っている様子」
や、「編み糸の太さでかぎ針を使い
分けること」を伝える写真です。

要素を絞り込む

使う場面を想像させる
イメージを作ろう

●主題●
木製
カトラリー

この写真の商品は木製のカトラリーセット。まず商品写真として紹介した後、
次の1枚として撮影しています。背景となるブルーの布と真っ赤なトマトは
彩りと食卓の雰囲気を醸し出すのを手助けしてくれています。

主題以外の商品は全体を入れずにカットする

まずはイメージ写真を作るため、関連するさまざまな木製品を入れてみました。左下の写真はキッチンの雰囲気は出ましたが、どれが商品なのかわかりにくくなっています。また、「どこまでがセットに含まれる？」といった疑問も生み出しかねません。右下のように余分を省き、主題でないものは一部をカットして見せれば、勘違いによるクレームを減らすことができます。

どこまでが商品に含まれるかわかりにくい

カトラリーの面積を増やし、その他をカット

| 撮影のPoint | ## 似ているものは違いを見せよう

木製品や手作り製品などは、形が同じでなかったり、木目が異なったりと、違いがわかりにくいことがあります。例えば、商品を3本組のセットとした場合、同じ大きさや長さ、形なのかを明確にできる写真を、説明文とともに入れておくとよいでしょう。

長さをそろえて見せたいときは、グリッド線を目安に

構図パターン

構図の基本パターンを押さえておきたい

●主題●
ペーパー
ウェイト

商品の魅力を伝えるためのイメージ写真では構図作りも重要になります。そうはいっても静物写真には数多くの構図パターンは必要ありません。基本は、3分割法、日の丸構図、対角線構図。これだけ意識しておけば困りません。

バランスがとりやすい「3分割法」

画面を3等分した交点を目安にして、主題を配置する方法です。さらに対角となる点を目安に副題を配置します。縦長の被写体や横長の被写体は、3分割線を意識するとよいでしょう。画面の縦横比率が変わっても基本は同じです。

副題の置き位置は対角となる点を意識しましょう

縦横比が変わっても、同じように3分割法を適用できます

撮影のPoint | 被写体が増えたら前後の重なりに注意

3分割法で主題と副題を置き、さらに被写体を増やしたいと思ったら、対角を意識して配置するとよいでしょう。このとき、最初に置いた主題と最後に置いた被写体は前後が重ならないように調整すると、しっかり見せることができ、バランスも取りやすくなります。

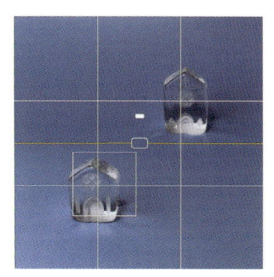
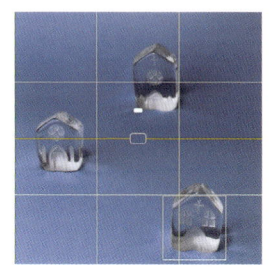

存在感を出せる「日の丸構図」

主題のみを中心に置いた、日の丸国旗のような構図パターンが「日の丸構図」です。ストレートに注目させたいときに使うと便利ですが、小さく捉えすぎると逆に存在感が希薄になるので注意しましょう。できるだけシンプルな背景を使うのがコツです。

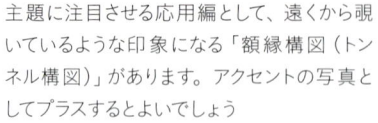

主題に注目させる応用編として、遠くから覗いているような印象になる「額縁構図（トンネル構図）」があります。アクセントの写真としてプラスするとよいでしょう

| 撮影のPoint | **余白によっても印象が異なる**

日の丸構図では、余白の取り方によって印象が変わります。狭くすれば存在感は増しますが、狭すぎるとややうるさい印象に。その逆で、広くすればすっきりシンプルな印象になりますが、広すぎると存在感がなくなってきます。全体の7〜8割を占めるくらいが目安です。

余白が狭すぎ

余白が広すぎ

流れを感じさせる「対角線構図」

「対角線構図」は視線を誘導することで流れ
るような動きを感じさせる効果があります。
商品の「つかみ」となるトップの写真やオーソ
ドックスな写真が続くときに、この構図を挟
むと変化を出すことができます。

画面を傾けるのも
対角線構図を作る
方法の一つ

整然と並べたいときは、直線が
含まれるような背景を使い、そ
れに沿って並べるのが容易です

2-04
背景色による
演出方法

背景色の使い分け

背景の色で
イメージを変える

●主題●
サラダ用
生鮮野菜

背景を変えると商品のイメージはガラリと変わります。複数の色が混在する
場合、白背景では主張し合いますが、この写真のようにグリーンのまな板を
敷くとまとまって見えます。色に加え、素材の質感（p.56）も影響してきます。

色による印象の違いを確認しよう

主題の中から濃いグリーンのアボカドに絞って、背景の色による印象の違いを見ていきましょう。背景が同系色では自然な印象ですが、寒色系や暖色系、濃い色や薄い色と背景を変えていくと、目立ったり埋もれてしまったりと変化します。また色は、見る人の好みも影響することから、「万人に受け入れられることを重視するか」、「違和感があってもインパクトを重視するか」といった方針を、あらかじめ決めておくとよいでしょう。

同系色

寒色系

暖色系

同系色を組み合わせて統一感を出す

主題と副題、さらに背景を同系色にすると、違和感はなくなり統一感が出ます。テーマカラーを決めることにもつながり、商品をアピールしやすくなるでしょう。その一方で、主題が埋もれがちになることから、副題の色の濃さや大きさにも気を配る必要があります。

複数の背景を組み合わせ、商品の色彩をまとめる

商品を組み合わせたシリーズものなどでは、背景の選択に悩むところです。この例では、2つの主題の色が異なっていることから、単一な背景ではまとまらず、濃さの違う背景を組み合わせています。切れ目を対角線上に置いて両方が商品にかかるようにすると動きも出ます。

| 撮影のPoint | **ホワイトアクリルで映り込み効果を出す**

背景に色を敷くだけではのっぺりする場合は、下地への映り込みを取り入れると立体感が出ます。ホワイトアクリルを敷く方法は、主張しすぎずに立体感を出す定番手法。アクリル板はホームセンターなどで手に入りますが、身近にあるクリアホルダーでも同様な効果を作れます。

ホワイトアクリルの例

クリアホルダーで代用可能

2-05
背景素材による
演出方法

背景素材の使い分け

背景の素材を
雰囲気づくりに生かす

●主題●
引出しの
取っ手

背景の素材は、単に立体感が出るだけでなく、商品のイメージを大きく変えてくれます。また、素材をうまく選ぶことによって、和風や洋風、ハンドメイド風などを印象づけることができ、商品価値を高めることも可能です。

アピールしたい用途にマッチした素材を選ぼう

背景の素材には、紙や布、革や木材などさまざまです。またシボやエンボスなどの加工によっても印象が異なります。商品をどのようなイメージで見せたいかによって、いくつかの素材を試してみるとよいでしょう。ここでは、背景素材を変えた例を挙げてみます。

布素材

ハンドメイドな雰囲気

紙素材 (ラッピング紙)

和モダンな雰囲気

木目素材

ナチュラルな雰囲気

ファブリック

口常使いの雰囲気

おすすめの服とのコーディネートを提案する

この写真の主題であるバングルは、服とのコーディネートが求められます。下の写真では、服そのものを背景の素材として用いることで、提案を含めたコーディネートを伝えています。このように、具体的に使う状況を想像させる方法も商品写真の手法の一つです。

│撮影のPoint│ 手軽に使える背景素材

背景の素材は、商品に見合った大きさがあれば、本来の用途は問わず何でも使えます。100円ショップを一回りしてみると、さまざまなものが見つかることでしょう。選び方のポイントは立体感。同じような色調でも立体感の異なる素材を使い分けると、思いのほか変化が出ます。

ラッピングペーパー

コルク／木目ボード

対比となる素材や色合わせを試してみよう

背景の素材選びは、金属製品と布、革製品と木材など、商品との差が出るものを選ぶと引き立つようになります。また、素材が同じでも色が異なれば印象が変わります。統一感を出すには、全体の色味を合わせとよいですが、ワンポイントだけ色合わせをする方法も試してみると面白いでしょう。

アクセサリーのゴールドに
近いライトブラウン生地

アクセサリーのシルバーに
近いグレー生地

光と影の生かし方

ライティングで
印象的な写真にする

●主題●
クリスタル
花瓶

クリスタルガラスを使った花瓶やオブジェなどは、フラットな光で商品写真を見せるだけでは魅力が伝わりません。光をうまく使ってキラキラしたイメージ写真を加えると特徴が強調され、より印象的に伝わるようになります。

最も強い光は窓から差し込む太陽の光

左ページの表題の写真は窓から差し込む太陽の光を利用したもの。撮りたいオブジェを光にかざしながら印象的なイメージを見つけましょう。強さのコントロールは薄手のカーテンなどを利用します。ただし、自然光は常に状況が変わっていくので、置き位置を試行錯誤しながら「いいな」と思ったら、タイミングよくシャッターを切るのがコツです。

光が透過しないカーテン　　　光が透過するカーテン　　　カーテンなしで右側からの光

ライティングを変えて光を強調

人工的なライトによって光を調整するときは、いくつかの機材を使い分けます（機材についてはp.2l、使い方はp.66〜67を参照）。商品写真の基本となるフラット光によるライティングでは、光を広く拡散するためのライトボックスを使います。また、影をやわらげたいときには、ライトと反対側にレフ板を置いて光を回します。次の例の商品は、ドライフラワーです。

フラットな光＋レフ板

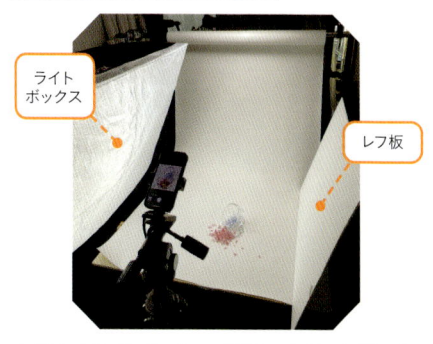

左側からライトボックス、背景の白紙、右側からのレフ板によって、光をまんべんなく拡散しています。ライトボックスがないときは、ライトの前にトレーシングペーパを張っても同様の効果を作れます。

特徴は出ないもののディテールがよくわかります

フラットな光のみ

レフ板を外し、ライトボックスのみにすると弱い影が出ます。

商品写真としてもイメージ写真としても、やや中途半端な印象

強い光を横位置から

ライト

レフ板は
なし

ライトボックスを外し、ライトのみにすると直線的な強い光になります。ガラスの輪郭は黒っぽくなり、反射による影が印象的なイメージ写真です。

インパクトはあるもののガラス部分に目が行きます

強い光をやや上側から

わずかに位置を変えるだけで、ガラスの反射による影は弱まります。

極端な強さがなくなり、使いやすいイメージ写真になっています

影を強調して演出に使ってみよう

被写体が作る影は、「主題より月立たせない」ということから後ろ側に作るのが常です。これを逆手にとって、影を前側に出すことによってドラマチックな演出をすることができます。ポイントは照明をあてる方向。後ろ側からの強い光で手前側に長い影を伸ばします。

色付きのガラスの光を透過させると、影にも色が乗り、演出効果が高まります。ここでは、影の強さを調節するため、上からの補助光を加えています。露出をマイナス補正すると影はクッキリ出ますが商品のラベルが暗く沈んでしまうので注意しましょう。

●主題●
アロマオイル
セット

上からの光を強く（近づける）すれば、影の強さをやわらげることができます

用途によって変わる商品と影の見せ方

商品に対する光の当たり具合と影の出し方によって、何をどうアピールしたいかが変わってきます。ここでは、同じ被写体を光源の位置だけ変えて撮り分けてみましょう。

商品をもっと魅力的に見せたい

徳利とぐい飲みという組み合わせは、あまり明るい雰囲気は似合いません。光を横からあてて、商品に陰影を付けることで、酒器としてのイメージが膨らみます。

商品写真としてクッキリ見せたい

左斜め上からの光をあてると影がじゃまにならず商品を見せることができます。影が右側に出るので、背の低いぐい飲みを左側に置いています。

イメージ写真で購入につなげたい

「商品をしっかり見せなくてもいいから、使ってみたくなるような写真にしたい」というなら、斜め後ろからの光をあてたイメージ写真を作ってみましょう。料理や居酒屋を想像させるアイテムなども加えると効果的です。

撮影のPoint｜影の形に注意

撮影する被写体の形が単純なものは、当然ながら影も単調です。影を濃くすると、黒い塊のように見えてしまうので、薄めに見せるほうがよいでしょう。

影が単調になる円筒形

自作アイテムで面白い影を作ろう

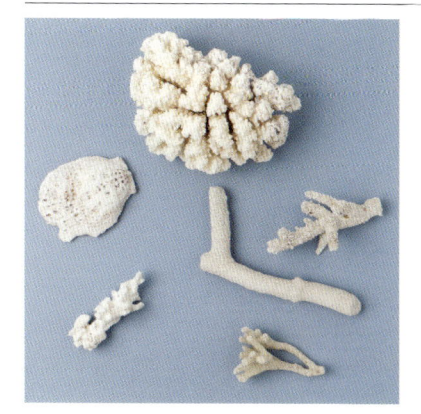

まずはサンゴをラン
ダムに並べます

強い光を使って夏の海のイメージを作ってみま
しょう。黒い模造紙を折り返してランダムに切り
込みを入れたものを広げ、ライトの前にかざしま
す。すると、単にブルーの背景に並べたサンゴが
海辺で漂っているかのように見えてきます。

ライトから離したり近
づけたりして、影の形
を調整しましょう

照明機器によるライティングのまとめ

いくつかの照明機器（p.21参照）を使って、印象の違いを見ていきましょう。光源は200Wのビデオライトを使用しています。機器の違いによって、光の硬さと柔らかさが変わり、影の質や金属光沢部分などにも違いが出ます。

斜め上から光をあてるのが基本

室内照明は太陽を模しているので、一灯が基本です。被写体の影がじゃまにならないように見せるためには、左右・上下ともに、斜め45°にすると自然に見えるでしょう。また、正面から光を受けるように被写体の向きをやや傾けます。

斜め上からの光＋アンブレラ

アンブレラは傘のような照明機器です。内側に光を反射させるので、光源のライトは逆向きに取り付けます。光が広範囲に拡散し、影を含めて全体がフラットで、やわらかい印象になります。やや光が弱くなるため、ある程度のワット数があるライトを使うとよいでしょう。

斜め上からの光＋ライトボックス

ライトボックスは、ライトを大きな箱の中に入れたもの。箱の大きさ分だけ限定的に光を拡散し、光はアンブレラよりもやや強くなります。ボックスの位置を調整できるのでバランスの良い光と影を作り出せます。ボックスから外れたところには光があたらないため、被写体に合わせてボックスの大きさを決めましょう。

斜め上からの光＋トランスルーセントアンブレラ

白く透けるアンブレラで、簡易的なディフューザーといえます。光源のライトは、アンブレラと異なり被写体に向かって取り付けます。効果はライトボックスとほぼ同じですが、若干フラットな印象になります（手前側の金属部分などを参照）。折りたたんで収納でき、すぐに開けることから、出先での撮影に便利です。

レフ板を入れる

レフ板は光を反射させ、ライトがあたっている側とは逆側が暗くなるのを防ぎます。レフ板が反射する光は光源より弱いので、影の方向や印象にはあまり影響を与えません。

斜め上からの光＋ライトボックス＋レフ板

レフ板は、光源と逆側において光を反射させる用途に用います。そのため、光源のライトボックスと逆側に設置します。微妙な角度の違いで光のあたり方が変わるので、向きを動かしながら最適な位置を見つけましょう。

サブ光源を使って影を目立たなくする

影を極力目立たなくしたいときは、サブ光源を使って影を打ち消し合う方法をとります。

ライトボックス＋上からのアンブレラ＋レフ板

2つの光源とレフ板を使って被写体を取り囲むようにすると影が目立たなくなります。さらに光源を増やしたり、強さを合わせることで無影にすることもできますが、立体感がなくなります。ここでは、上部のアンブレラよりもやや強いライトボックスの影がうっすら出ています。

映り込みの表現

映り込みを意識して
演出として使おう

●主題●
メガネ
フレーム

キラッとした映り込みをワンポイントとして入れるだけで、目を引く効果を出
せます。この写真例では、主題のメガネフレームが淡い色のため、副題や背
景の素材に負けがち。それを映り込みによって解消しました。照明を調整し
ながら光の映り込み具合を微調整し、バランスを取るとよいでしょう。

鏡面仕上げの質を高める

映り込みは、ガラスや陶器、金属などの鏡面仕上げに出やすいものです。このうち、クッキリと写り込む金属質やプラスチックメッキでは、周囲の状況や撮影者自身が映り込むことがあり、注意が必要です。対策方法としては、まず被写体に何が映り込んでいるかを確認したうえで、黒いボードや白いレフ板などを映り込ませます。

周囲が映り込んだ

黒を写り込ませた

映り込みの処理方法

実際の例として、黒い金属製のケトルを使い、黒いボードを映し込む処理を行ってみましょう。照明は左右からライトボックスで挟むことで2本の光のヤマを作っています。

黒いボードなし

黒いボードあり

黒いボードは、わずかな黒以外の映り込みを防ぐため、スマホレンズの大きさ分だけ丸く切り抜いています

そのまま撮ると左右のヤマの境目が目立ち、中央に白っぽい映り込みが見えます

黒いボードを映り込ませると、中央の黒部分がきれいになりました

69

外付けマクロレンズを使う

マクロ撮影は、小さなものを大きく見せたいときに使います。スマホには、マクロモードを備えている機種がありますが、その多くは超広角レンズで被写体に近づき、撮影した写真の中心部を切り出すといった方式。全体にクッキリ写りますが、ピントが合った部分以外を大きくぼかすことはできません。また、切り出しにより大きく拡大することで、画素数が減り画質の低下につながります。

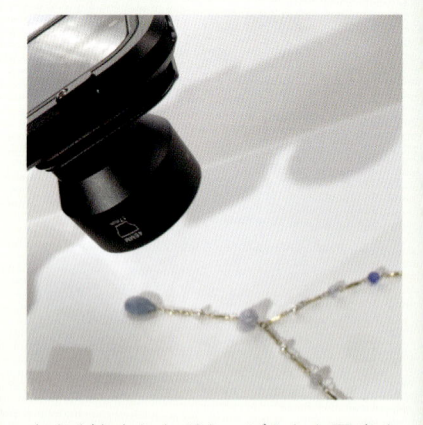

NEEWER社のスマホ用マクロレンズ。スマホ機種に応じた専用ケースを使うことで、スマホのレンズにピッタリ合います

大きく拡大しながら、ぼかした写真を撮りたいときは、外付けマクロレンズを使ってみましょう。下の作例のようにマクロモードとの違いは一目瞭然。レンズと専用ケースのセットで1万7000円くらいとやや高価ですが、本格的なマクロ写真を撮りたいなら考えてみたいアイテムです。

マクロモードで撮影

外付けのマクロレンズで撮影

第3章

ショップやフリマで映える写真の見せ方

ネットショップやフリマなどでは、目を引く写真がないと、その先を見てもらえません。ここでは商品を魅力的に見せる撮り方、さらに商品を詳しく知るために、どんな写真が必要なのかを解説していきます。

小物・商品写真の基本

フォルムとディテールを
くまなく伝える

●主題●
ハンドメイド
ポーチ

商品写真は、閲覧者がどの部分をどこまで見たいのかを想像しながら、過不足のないカットを用意する必要があります。大きさや質感、裏側の様子、上のようなポーチなら、中側がどうなっているかも知りたいところです。上の写真はメインカットではなく、収納力とサイズ感を伝えるための1枚です。

全方位のフォルム見せる

このポーチのメインカットは右のような写真ですが、購入する決め手にはなりにくいでしょう。「いいな」と思ったら、より詳しく知りたいもの。どんな形なのか、どんなデザインなのかを全方位から見せることで、わかってもらうことができます。

布地の質感やパーツのディテールを見せる

ぐるりと一周見せただけでは伝わりにくいのが質感です。ネットショップなどでは持った感触を知ることはできませんから、大きく撮ってディテールを見せるのも効果的です。商品ごとに購入者が何を知りたいのかを考えて、過不足なく示すことがポイントになります。

複数のカットを使ってサイズを提示する

購入者が最後に確認しておきたいのは正確なサイズでしょう。縦横、奥行きに加え、部分によって形が違っているものは、その部分のサイズも付け加える必要があります。写真で素材感がわかりにくいものは、部分ごとの素材を記載しておくとよいでしょう。

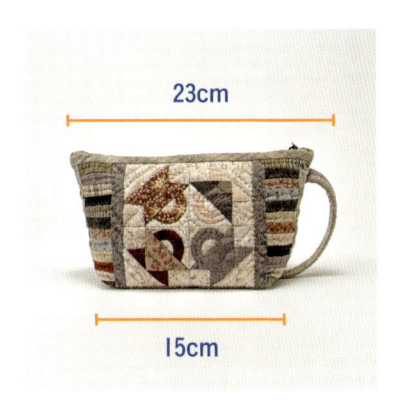

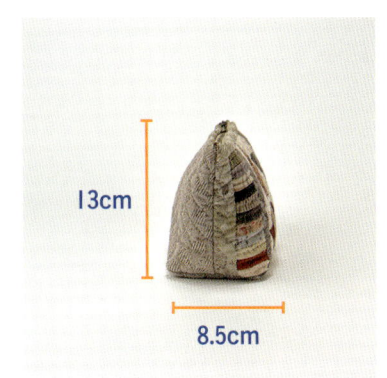

撮影のPoint｜ 詰め物を入れてフォルムをわかりやすく

中に物を入れないとぺったんこになったり、シワが出てしまったりする商品は、詰め物を入れることで形良く見せることができます。梱包用の紙や緩衝材が使いやすいですが、あまりパンパンにしすぎると逆効果になることもあるので注意しましょう。

小物・商品写真の基本

関連するアイテムで
商品を演出しよう

●主題●
バラの
アロマオイル

商品写真だけを見せても、中身がわかりにくい商品、魅力が伝わらない商品
は多いものです。この写真のアロマオイルは、小瓶だけ見せても香りまでは
伝わりません。そこで、バラそのものやディフューザーを配置してイメージを
補足しました。他の要素を使って間接的に伝える演出方法といえます。

イメージ写真を演出する際のポイント

複数の要素を入れるときは、目的をハッキリ決め、煩雑にならないことが重要です。ここではイメージ写真のポイントを挙げました。商品によって使い分けるとよいでしょう。

トリミングして散漫さを解消する
主題を中央に据え、副題をカットしながら整理します

●主題●
バラの
アロマオイル

副題をぼかして主題を明確にする
主題以外をぼかして主題との差を付けます

●主題●
野菜
スムージー

ムダな余白をアイテムで埋める
副題を増やすことで主題の魅力を引き出します

●主題●
酒器
セット

アパレル写真の基本

アパレル商品を
もっと魅力的に見せる

●主題●
**ロング
ワンピース**

アパレル撮影でポイントになるのは、見た目の姿を工夫して立体感を出すことです。商品写真は全体の形がわかるように。イメージ写真では見た目のインパクトや素材感を見せるとよいでしょう。この写真は、やわらかい素材を伝えるためフワッとくねらせることで表現しています。ただし、シワに見えないように注意が必要です。

色味のズレを減らすため、まずはその場の光でホワイトバランス（WB）をとりましょう

パースを付けずに撮影する手法

ワンピースなどの長めの服を自然な印象に撮影する場合は、ひと工夫が必要です。右写真のように床置きでそのまま撮るとパースが付いて不自然に。これを解消するには、下のように置き台に乗せてやや傾けることで、真上から撮ったように自然な印象になり、撮影者の影も防げます。ハンガーやトルソーを使う方法もありますが、ドレープを作ったり、他のアイテムで飾ったりするのは難しくなります。

置き台を使った撮影

床置きでロングワンピースを撮ると、手前側が大きくなり、不自然に見えます

置き台を使って傾けることで、自然な印象に。自由に形を作ったり、他のアイテムを乗せたりするのも容易になります

置き台を使うと、表現のバリエーションが広がる

ネットショップやフリマサイトでよく見かけるハンガーに掛けた写真は、服の形状を保つのが困難です。右の写真のように、素材によっては思わぬ所に深くシワが入り、商品価値が失われてしまうことにもつながります。前ページで紹介した置き台の利点は、自由に形を整えられること。工夫次第で、オシャレなイメージを作り出すことが可能です。

ハンガーは形を作りにくいもの

袖を伸ばす

袖を折り曲げる

背面を見せる

小物を加える

ディテールカットは服の特徴をしっかり見せよう

アパレルのディテールカットは、手に取って確かめることができない部分を意識して、よくわかる大きさまで拡大して見せるとよいでしょう。注意点としては、どこを拡大しているかがわかる部分を入れること。右の写真はギャザーの切り替えを見せるカットですが、袖口を含めることで、すぐに部分を特定できます。また、布地に隠れたボタンやファスナーを開いて見せたり、裏面の柄やステッチなどを紹介することで、品質のこだわりをアピールすることもできます。

切り替えの様子

ギャザーの質感

裏地の有無や素材感

プリント柄の色や質

ブランドや素材タグ

関連アイテムをまとめて、コーディネートを提案する

置き台による平面を使えば自在にアイテムを置けるので、コーディネートを提案する写真を撮ってみましょう。最初に個々のアイテムを商品写真として提示し、それらを組み合わせたものをイメージ写真としてまとめます。セレクトショップのような個性的なこだわりを知ってもらい、販売を促すトリガーにもなり得るでしょう。

①まずは、それぞれの商品写真を紹介

82

②複数をまとめて コーディネート写真に

必ずしも全部入りではなく、一部
をまとめてもよいでしょう

撮影のPoint 装飾アイテムは控えめに配置しよう

演出のための装飾アイテムは、イ
メージ写真を華やかにする効果
があります。注意したいのは、商
品が見づらくなったり、商品の一
部と勘違いされたりしないこと。
やや控えめくらいが、ちょうどよい
バランスといえるでしょう。

Good

Bad

フリマ写真のポイント

フリマで目を引くように
ユーズド服を撮る

●主題●
子供服
(トレーナー)

着なくなった服やサイズアウトした子供服などは、フリマやオークションサイトに出せば再利用してもらうことができます。販売するからには、できれば高く、手早く売り切りたいもの。季節をイメージさせる印象的な写真を掲載すれば、他の出品者に先駆けてタイミングよく売れるかもしれません。

フリマ写真に入れておきたい要素

ユーズド服の写真は、購入者の立場で想像してみると、どんな写真が必要なのかがわかります。デザインやブランド、サイズや選択方法、長く着れるかといったことは、金額に見合うかどうかを判断するポイントになります。また、後からクレームにつながらないよう不具合を漏れなく見せることも大切。特に「使用感や汚れが写真と違う」などといったクレームは、注意して入れておけば避けられるでしょう。

タグと品質表示

ブランドタグとサイズ

品質と取扱いラベル

商品の特徴

サイズ調節ができる

ストレッチ素材を用いている

85

実寸サイズを見せる

メジャーで示す（小さいときは拡大）

不具合を見せる

生地に出ているピリングなどの使用感

タグなどに記名がある

コーディネートを見せる

セットにする商品のコーディネートを提示

他の出品物との組み合わせを提示

実物どおりの色味に近づける

ブルーのデニム製品など、近い色のバリエーションが多い
ものは、色味のズレがあると実物とは別物に見えてしまい
ます。原因としては、WBや露出、またはその両方であるこ
とが多いので、スマホ任せにせずに設定しましょう。

実物に近い色味を目指す

まずは、撮った写真と実物とを比
べてみましょう。うまく一致してい
ないときは、WB のカスタム（p.35
参照）を。それでも合わないときは
露出補正（p.30参照）を行ってみま
しょう。

ホワイトバランスのずれ

電球（タングステン）

蛍光灯

曇天

露出のずれ

露出＋WBのずれ

暗め

明るめ

適切に見えるが色味が異なる

透明グラスのエッジをくっきり見せる

ガラス製のグラスなどに代表される透明な商品は、エッジの一部が背景に溶け込んでしまい、輪郭があいまいに見えることがあります（下左写真）。対策として、黒い紙で商品を囲み、周囲に黒を映り込ませることでエッジをくっきりさせる方法があります。具体的には、右のように黒の用紙を立てかけるだけで十分に効果があります。商品によって厳密に撮る場合は、商品の形に切り抜いて囲み、均一なエッジを作り出す方法をとることも。このように、しっかりとエッジが見えるようにすると、切り抜き写真（p.159参照）も作りやすくなります。

短冊に切った黒の用紙を二つ折りにして、グラスの周囲に立てかけて撮影。台は円柱型のアクリルキューブ

映り込みなし

映り込みあり

第4章

人物イメージ写真の表現方法

商品写真とイメージ写真は、ともに補い合う役割を持ちますが、第3の分類として「使用写真」があります。これは、人物の表情やポーズ、手足や顔のパーツを商品に絡め、使っている様子を見せながら、サイズ感、見た目のバランスなどを伝えます。

商品写真の見せ方

使用している場面を入れると効果的

●主題●
ビジネス
バッグ

常に持ち歩くバッグなどの商品は、単独の商品写真に加えて寸法が表示されても、実際に持ったときのスケール感がわかりにくいものです。人物が持った写真が添えられていると、使用する場面がイメージしやすくなります。

商品写真に人物を入れるとリアリティが増す

商品写真における人物の効果を見るために手を入れた写真を比べてみると、わずかに入る
だけでリアリティが増します。たくさんの写真に1点混ぜるだけでも印象は変わるでしょう。

装着して、使っている場面を入れる

スポーツウェアやシューズなどの商品は、動きを伴う使用イメージにすると伝わりやすくなります。屋外の場面も比較的作りやすいので、フィールドに出て撮りましょう。コーディネートの提案も含めた全身写真では、商品がわかりにくいので、同じ場所で撮影したディテールカットを添えると足りない部分を補完し合うことができます。

●主題●
ランニング
シューズ

着用イメージを伝える　スニーカーを着用したイメージを前側と後ろ側から撮影。ややローアングルから狙い、地面の余白を広めにとると足もとに目が行きます。

ディテールを伝える　全方位からのディテールカットにより、各部分のデザインやフィット感を伝えることができます。底面は汚れないよう、優先して撮影しておきましょう。

人物で商品の機能や特徴を説明する

機能性が重視される商品は、商品写真と使用写真を組み合わせるだけでなく、人物を使って機能を実践する写真を入れると効果的です。例えば、商品写真でポケットの多さや位置を示したら、人物写真で深さや取り出しやすさを補足するという具合です。ここで取り上げた作業着では、サイズ表示だけではわかりにくい作業中の動きやすさを見せるイメージを加えています。

色や機能を伝える

表側だけではわからない、裏地の色の切り替えや内ポケットを見せます。

●主題●
作業着の
上下

着用イメージで特徴を見せる

商品が作業着なので、倉庫作業のイメージを作ってみました。右のカットは、曲げ伸ばしのしやすさを表現しています。

人物を使った表現方法

イベントや季節商品を
雰囲気良く伝える

●主題●
パーティー
プラン

ここでの商品は、ケーキがメインのパーティープラン。イベントや季節商品は、人物を使ったイメージ写真を入れると実感してもらえます。ホールケーキは、誕生日やクリスマスには欠かせない商品で、これをどう魅力的に見せるかがポイント。他の料理や誕生日アイテムなどを絡めながら、存在感を高めていきましょう。

その場の明かりで雰囲気を伝える

ケーキのろうそくを消すときは、部屋の照明を消すことが多いでしょう。雰囲気をリアルに伝えたいときは、ホワイトバランスがオートのままだと補正されてしまうことがあります。設定が可能なLightroomならWBを「昼光」に。標準のカメラアプリなら「ビビッド（暖かい）」がおすすめ。部屋の明かりが調整可能ならわずかに落とすと、暗くなりすぎずに雰囲気が良くなります。

雰囲気の出る色味と明るさを見つけよう

ろうそくの光は電球色に近く、白いケーキがオレンジがかって見えます。そのまま生かしましょう。

 →

明るさのポイントは、部屋の明かりをわずかに落とすくらい。ろうそくの明かりだけだと炎が目立ってしまいます

人物を入れない写真にするなら

テーブルに料理やプレゼント品をバランス良く配置して俯瞰したり、メッセージ部分を中心にアップで撮ると変化が出ます。

ライティングやサブアイテムで季節感を出す

真っ赤なサマードレスは、夏限定アイテムの一つです。このような季節アイテムのイメージ写真は、その季節に先立って撮る必要もあり、実際の場所で撮影するのは困難です。スタジオ内で表現可能なアイディアを取り入れてみましょう。

斜め上からの強いライトで、夏の日差しを表現

ライトボックスなどのディフューザーを外してライトのみにすると、強い光線と濃い影を表現できます。人物のまぶしい表情もそのまま生かせば夏の日差しを受けているように見えるでしょう。右の写真では、影のスペースを考慮し、レフ板を使って顔に光があたるようにしています。撮影者とモデルが夏をイメージしておくことが成功の秘訣です。

●主題●
サマードレス

夏らしさを感じさせるカットを入れる

夏と言えば、リゾート地での日焼けを想像する人は多いでしょう。そこで、大きく開いた背中を見せるイメージカットを撮影しました。また、麦わら帽子やサンダルも夏の必須アイテム。このようなサブアイテムをさりげなく取り入れることでも季節感が演出できます。

造花を使ってヤシの木陰を作る

影をかぶせる演出はp.65でも取り上げましたが、ここでは南の島を思わせるヤシの造花を使っています。壁との距離を考慮して、影の大きさや位置を調整しましょう。また、影は顔に多少かかっても雰囲気は損なわれませんが、商品のドレスには、できるだけ掛からないようにしましょう。

撮影のPoint ## ロングドレスの商品写真はトルソーが便利

ふんわりした素材のドレスは、平置き台ではドレープをきれいに出せないこともあります。そんなときは、トルソーを使うと形良く撮れます。丈を長めに調整可能なものを選べば、ロングドレスでも人が着たときに近いイメージになります。バックやサイドカット、部分カットを撮るのも容易なので、アパレル商品を撮影する機会が多いなら購入しておくとよいでしょう。特別に凝ったものでなければ、価格は、5000〜10000円くらいが目安です。

人物を使った表現方法

アクセサリーや
ジュエリーの写し方

●主題●
アクセサリー
・ジュエリー

小さなネックレスや指輪は、バッグや服とは違って全身や上半身では目立ち
ません。顔や手、ときには指や耳たぶを拡大したパーツ写真を取り入れるこ
とで伝わる写真になります。大切なのは表情や仕草。特に表情を伴う場合は、
視線を逸らしておくと、商品に目が行きやすいイメージ写真になります。

アクセサリーを身に着けた様子を見せる

アクセサリーやジュエリーは、右写真のような商品写真だけではイメージがつかみにくいもの。身に着けた様子を見せることで、大きさや長さといったスケール感をわかってもらえるでしょう。撮影の際は、「ポートレート」モードを使うとぼけた背景との差ができ、人物とアクセサリーが浮かび上がります。

《アクセサリーにピントが合っている》

ピント位置を意識しておこう

ピントは、手前側にくる顔の輪郭や添えた手に合いやすくなります。奥側のアクセサリーには、ピント位置を意識的に合わせましょう。f値を中間くらいにしておくと、ピントも合いやすく、自然な印象になります。

《アップではさらに厳密に》

《指にピントが合っている》

カメラは手前側を優先してピントを合わせるため、指が前に出ていると、ピントを持って行かれるので注意

パーツ写真を使って、実際の着用イメージを見せる

「パーツ写真」とは、商品写真とイメージ写真の両方の役割を担うものです。下の写真のように商品をしっかり見せながら、着用したときのイメージ、肌と宝石との色バランス、カットの様子、光の透過具合など、数多くの要素を伝えることができます。

《商品写真》

《人物を入れたパーツ写真》

伝えたい目的によって、撮影モードを使い分けよう

パーツ写真の見せ方は、商品写真を兼ねるのか、別途用意するかによって異なります。商品をしっかり見せるなら「写真」モードを使って隅々までぼかさないように。一方、イメージを伝えるだけが目的なら一部をぼかしてやわらかい雰囲気を作りましょう。こちらは「ポートレート」モードを使えば容易です。

《「写真」モード》

《「ポートレート」モード》

わずかな角度の違いで、宝石のカットがわかりやすくなる

宝石のカットには、さまざまなものがあります。指輪などの比較的大きな宝石では、わかりやすくカットを見せることも重要になります。光の具合も見ながら角度を微妙に変え、複数枚ずつシャッターを切っておくとよいでしょう。

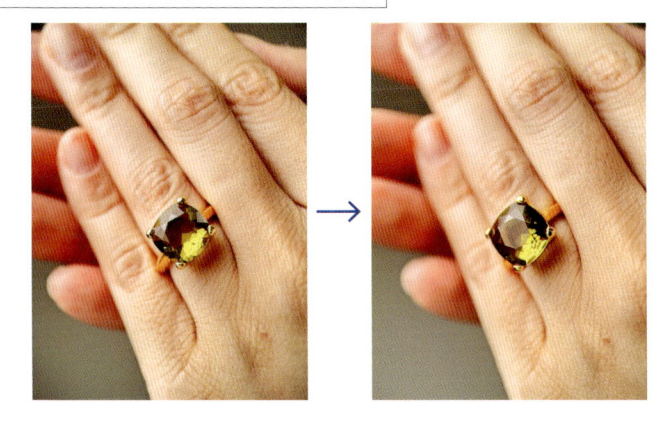

アップ写真では、いちばん目立つ所にピントを合わせる

「ポートレート」モードで大きくアップを撮るときはピントの合う範囲が狭くなり、1つのジュエリーでも全体にピントは合いません。特に意図がない限り、ピントはいちばん目立つ所か中心部分に合わせると、ぼけた印象になりません。

手の仕草で、アクセサリー商品に誘導する

人物全体を入れたイメージ写真では、小さなアクセサリーには目が行きにくくなります。そんなときは、手の仕草によって商品に誘導するとよいでしょう。自然な印象になるよう、一連の動きを撮影した写真の中から良いものを選びます。

モデルさんには、イヤリングを隠さないように軽く手を触れるようにお願いしました

全体イメージと部分カットを並べると、着用したときのバランスと細部の様子を併せて伝えることができます

目線をカットすると商品に目が行きやすい

人物がこちら側を向いた写真は、どうしても目元を見てしまいます。商品撮影では、視線を外すのが常道ですが、この写真のように、フレームからカットする方法もあります。慣れないうちは撮影時に構図を作るのが難しいので、後からトリミングするほうが簡単です。

撮影のPoint｜ ショップ紹介では、信頼感を出そう

アクセサリーやジュエリーだけに限りませんが、ショップへの信頼感も商品のうち。人物によるイメージ写真をショップ紹介に入れておくと購入者との距離が縮まります。高級感を出したいときは、上着を着用し、白手袋をはめると効果的です。

イメージ写真の撮影

ハウススタジオを
上手に使いこなそう

ハウススタジオとは、雰囲気のある部屋や家を模した撮影スペースのこと。リビングやキッチン、個室や庭など、さまざまなシーンを手早く作ることができます。また、食器やドライフラワーといった演出用の小物、照明や大型のレフ板などの撮影機器を備えているスタジオなら効率よく撮影が進みます。

出窓や扉、メイクルームなども撮影シーンを想定して作られています。撮影用の備品はスタジオによって異なるので、事前に調べておくとよいでしょう

ほとんどのスタジオは時間貸しで、料金は1時間あたり5000円〜数万円くらいまでさまざま。場所や規模によって大きく異なります。

〔このページのハウススタジオ〕
スタジオマド小岩　https://studio-mado.com

こんなシーンを撮影できる

ハウススタジオは、作りたいシーンを効率よく撮影できるよう、しっかり調べる必要があります。ロケハンを受け付けている所も多いので実際に行ってみるのもよいでしょう。部屋にある備品は自由に使え移動もできるので、持ち込む小物類を減らせます。

アパレルショップのシーン

持ち込んだ服を備品のハンガーに掛けて、雰囲気のあるアパレルショップをイメージ

部屋でくつろぐシーン

メイクルームに文具や鉢植えを持ち込んで個室でくつろいでいるシーンを作成（p.148も参照）

撮影のPoint ｜ **表情がきれいに撮れる「逆光＋レフ板」**

窓からの光で逆光を作り、前側からのレフ板で起こす方法は、ポートレートでは定番ともいえるテクニック。レフ板を動かしながら顔に当たる光を調節しましょう。

通常はレフ板の白い面を使います

人物写真の基本テクニック

人物写真には、アパレル商品などの魅力を伝えるための役割と、プロフィール写真に代表される人物そのものの魅力を引き出す役割があります。ここで取り上げる基本テクニックを押さえておけば、ほとんどの状況で困らないでしょう。

顔がゆがまない焦点距離で撮る

多くのスマホでは、倍率によって複数のレンズが切り替わります。標準の1倍は広角になることから、正面から顔を撮るとゆがむことに。2倍以上の倍率で撮れば避けられます。

《14ミリ、0.5倍》

《24ミリ、1倍》

《48ミリ、2倍》

《77ミリ、3倍》

《48ミリ》

顔のゆがみが気になるときは、やや傾けたり、斜めから撮ったりすることで解消できることも

人物のフレーミング

人物をどこまで入れて撮るかということです。商品が服の上下やワンピースなら全身や膝上、トップスのみなら腰上や胸上、ネックレスなら胸上や首上、ピアスや化粧の様子ならクローズアップといった選択をします。

《全身、フルショット》

・全身の動きを見せたいとき
・上下のフォルムを見せる

《膝上、ニーショット》

・表情＋動きを見せたいとき
・上下のコーディネートを見せる

《腰上、ウエストショット》

・上半身の全体を見せたいとき
・主題のトップスを見せる

《胸上、バストショット》

・人物の存在感を出したいとき
・上半身を詳細に見せたいとき

《首上、アップショット》

・顔の表情を見せたいとき
・アクセサリー類を見せたいとき

《部分、クローズアップ》

・小さなアクセサリー（ピアスや指輪など）に注目させたいとき

※ディテールの詳細を見せたいときは、さらに拡大します（p.98〜103参照）

撮影アングル 撮影アングルは人物写真の印象を左右します。基本はヘソ位置を目安に人物を捉えるローアングルで、服や身につけているものに目が行くようになります。靴が商品のときなどでは、極端なローアングルで撮る方法もあります。

《ローアングル》

ヘソあたりで人物を捉えると、服装に目が行きやすくなります。アパレル商品に適したアングルです

《ハイアングル》

目線より上で人物を捉えると、人物の顔に目が行きます。ポートレートなどで使われます

《水平アングル、アイレベル》

目線位置で人物を捉えると、人物が自然に見えます。プロフィール写真などに適したアングルです

人物の向き 人物に動きを出したいときは、体や顔の向きを変えるとよいでしょう。次の3つが基本ですが、撮影アングルの変化を加えると、さらにバリエーションを増やせます。いずれも「商品をわかりやすく見せる」ということを忘れないようにしましょう。

《体は正面／顔は正面》

上下のフォルムを見せたいとき

《体は横向き／顔は正面》

表情を使って表現したいとき

《体は正面／顔は横向き》

表情のみを見せたいとき

第5章

業種別
仕事写真の撮り方

仕事に使う写真には、さまざまな業種によって
必要となる用途が異なります。この章では、い
くつかの業種ごとに、撮影のポイントや表現テ
クニックを解説していきます。

料理写真の撮り方

料理写真のコツは
配置の工夫から

●主題●
ハンバーグ
ランチ

料理写真は、いかにメインの皿を見栄え良く、おいしそうに見せるかがポイントになります。周囲の皿やカップなどは、メインを盛り上げるための装飾品ですが、メイン料理より目立たないよう部分的に見せるようにします。また撮影する位置から見て、ムダな隙間を出さないことも大切です。

料理を乗せる前に、皿のみで調整

料理写真は、時間との勝負。できあがってから試行錯誤していると、どんどん冷めて色・つやが失われ、付け合わせやサラダはしおれてきます。撮影の際は、あらかじめ背景（クロスなど）を決め、皿だけの状態で配置や構図を作っておくとよいでしょう。料理を乗せたら微調整して、素早くシャッターを切りましょう。

テーブルの要素を洗い出す

大まかに構図を決定

撮影する向きを決める　　メイン皿を中心に奥をカット

メイン皿を大きくカット　　配置を変えてみる

料理を乗せて、微調整

画面の縦横比をスクエアにするとスープカップとグラスがほぼ見えなくなり、画面が整理されることでメイン料理に目が行きます

皿のカット位置を変えることで
料理の大きさをコントロールする

皿で出される料理は、余裕を持った皿の中央に盛られることが多いもの。撮影するとき、皿全体を入れようとすると肝心な料理が小さくなってしまいます。大きく写すためには皿の大きさやかかっているソースの範囲を見ながらバランス良くカットして、中心となる料理を目立たせましょう。カットの方法には、次の4つがあります。

余白を入れ、全体を写すと小さくなる

皿の片側をカット
右側に何かを入れるならOK。

皿の両側をカット
空きが多く、品良くまとめた印象。

ソース位置でカット
バランスを重視するなら最適。

中心のみに絞る
迫力満点で、メイン料理が映える。

深い器の立体感を表現する

サラダを入れる深皿やボウル皿などは、上から俯瞰気味に写すと立体感が失われてしまいます。深い器らしさを表現するには、皿の内や外の側面を見せること。やや角度を付けて斜めから狙うことで実現できます。また深い器では、盛り付けられる料理も高さがあることが多いので、料理も映えることになります。

上から俯瞰して撮ると、中のサラダはよく見えるものの、深皿に見えません

皿の内側の面を見せる

内側の余白で高さを感じるように。

皿の内側＋側面を見せる

深皿の印象がより高くなりました。

皿の内側＋側面にエッジを加える

さらにエッジを加えると、深皿の形もより認識できるようになりました。縦長の画面比にして角度を付けることで、盛り付けられたサラダも大きく捉えることができます。

料理をアート的に見せる真俯瞰写真

料理やデザートプレートなどに描かれた、ソースによるデコレーションは美しく華やかで、写真映えする被写体といえます。このような料理は、真俯瞰からアート的に狙うと料理人の意図やセンスを伝えることができます。撮影時は光源の位置を確認し、スマホの影が写らないように注意しましょう。イスに乗るなどして、さらに高い位置からやや望遠で撮影すれば、パースを押さえて皿をゆがませずに写すことができます。

普通に撮るとアート感が出ない

真上からシンメトリーに

真俯瞰写真は、皿そのものだけでなく、テーブルクロスの色とのマッチングやカトラリーを含めた構図を考えてみると面白いでしょう。また、動きが欲しいときは、下の写真のように人の手を入れる方法もあります。

斜めにして画面いっぱいに

手を入れて変化を出す

《回転してみよう！》

デコレーションはシンメトリーではないので、回してみると、新たな発見があるかも。店のメニューとして紹介する場合は、料理人の意向も確かめましょう

みずみずしく見せる「明るめ露出」と「半逆光」

料理を出来たてに見せたり、生ものやサラダなどをフレッシュに見せるためには、やや明るめの露出で撮るとよいでしょう。光源は斜め後ろから逆光ぎみにあて、前側が暗くなるときはレフ板で補いましょう。基本的にはライトボックスなどを使ってフラットな光線にしますが、サイドから光を補って部分的にテカらせてメリハリを出す方法もあります。

サラダが乾燥してきたら、霧吹きで水分を加えます

露出を明るめ目にしたほうが美味しそうに見えます

大きく見せるときは、みずみずしさを出そう

露出とペアで考えたいのが、料理にみずみずしさを加えること。料理の撮影に時間がかかると、どんどん乾燥していき、美味しそうに見えなくなります。そんなときは、霧吹きで水分を足したり、食用油を塗ることで解決できます。

食用油とハケを用意しておくと便利

料理写真の撮り方

湯気や水滴で
おいしそうに見せる

●主題●
ステーキ
セット

熱々で今にも跳ねてきそうなステーキの油や立ちこめる湯気、キンキンに冷えていることを連想させるグラスの水滴。このような食欲をそそられる見た目を「シズル感」と呼ぶことがあります。料理写真において、シズル感を作り出すことは、料理の魅力を余すことなく伝えるテクニックの一つになります。

湯気をかぶせて、出来立ての様子を演出

料理から湯気が出るのは、出来たて時のほんのひとときですが、湯気を演出して写真として見せれば熱々の料理であることを感じ取ってもらえます。左ページの写真は、右後ろから半逆光の光をあててステーキの油をテカらせ、左後ろから湯気に見立てたスチームアイロン (p.41参照) の蒸気をあてています。また、蒸気がよく写るように背景に黒布を張りました。セッティングに手間はかかりますが、その分写真の完成度は上がります。

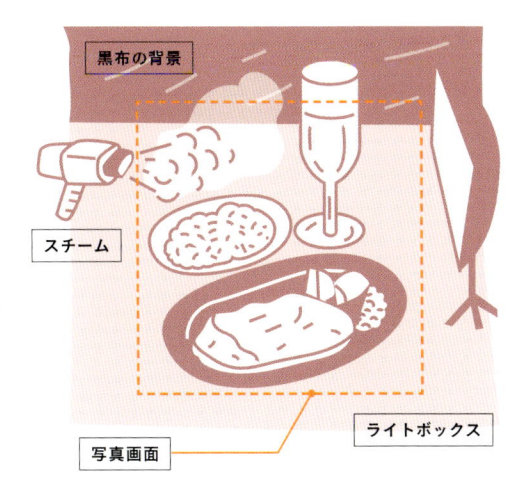

黒布の背景
スチーム
写真画面
ライトボックス

何度もシャッターを切って湯気をきれいに

少なすぎてあまり目立ちません

多すぎてグラスがくもっています

湯気の位置が右に偏っています

撮影のPoint 食材を見せて産地などをアピール

料理紹介における食材写真は、肉や魚介類が上質で新鮮なことをアピールする目的で使います。右写真は、'かいしき' (器や食材に敷く青笹など) で演出しています。さらに、肉類なら、WBを調整して赤っぽく見せると新鮮に見えます。

水滴の付いたビールグラスに、こんもりした泡を加える

注ぎ立てのビールは、泡の質もおいしさを左右する要素と言われます。ただ、実際にビールを注いでみると、きれいな泡が保たれるのはわずかな時間。消えてしまった泡は、下記の方法で復活できます。またグラスの水滴は、泡を立てる前に霧吹きで整えておきましょう。

 →

《①グラスに霧を吹く》

《②割り箸でかき混ぜる》

《or 注射器で空気を送り、きれいな泡に》

撮影のPoint 良い形を保ってくれる「アクリルアイス」

アイスティーやアイスコーヒーなどのグラスには、形の良い氷が浮いていると魅力的に見えます。本物の氷を使うとすぐに形が変わってしまいますが、アクリル製の氷を使えばじっくり撮影に時間をかけてもOK。常に良い形を保ってくれる便利アイテムです。

調理中の様子で、出来たておいしさを連想させる

料理が最もおいしいのは、熱々の出来たて。まさに完成する直前の場面は、食欲をそそられるイメージ写真になります。また、「一点一点料理人が心を込めて作っている」というアピールにも。後者の目的なら、料理人の手さばきや真剣なまなざしを入れるのも効果的です。

油が跳ねるフライパンの様子は、ちょうど良い焼き色が焦げ目に変わる前にシャッターを切っていきましょう。ソースを煮込む写真では、シャッター速度を遅めにして調理器具にブレを加えることで動きを表現しています

| 撮影のPoint | **スープの浮き実を見せる〔その１〕**

野菜スープの具は、比較的動きやすいものですが、次第に具が沈んで見えなくなってしまいます。写真の中でスープの中が目立つ場合は、シャッターを切る直前にかき混ぜて、具を動かしましょう。やや面倒ですが、手間を惜しまずに。

料理写真の撮り方

思わず食べたくなる箸上げ写真

●主題●
ハンバーグ
ステーキ

「箸上げ写真」とは、まさに食べようとする様子を見せるもの。上の箸上げ写真を見たら、思わず食べたくなりませんか。ポイントは、「切って」、「つかんで（刺して）」、「口元に持ってくる」という一連の動作を写真で見せること。この写真では、ナイフで切ってフォークでつかんだ所を表現しています。

断面をジューシーに見せるとリアルさが増す

肉料理を切った断面から、ジューシーな肉汁があふれてくる様子は、食欲をそそられます。写真でジューシーさを表現するには、食用油を足す方法があります。撮影中、染み込んでしまったら再度塗り直しましょう。また、なにより重要なことは、大きくフレーミングして断面をしっかり見せることです。

《大きく見せるときは、食用油でジューシーに見せよう》

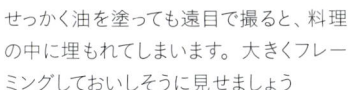

せっかく油を塗っても遠目で撮ると、料理の中に埋もれてしまいます。大きくフレーミングしておいしそうに見せましょう

→

撮影のPoint | スープの浮き実を見せる〔その2〕

コーンスープに入っているトウモロコシの粒は、そのままでは重みで沈んでしまいます。p.119では、かき混ぜることで浮き実を見せましたが、浮かび上がらないものは、右のようにダイコンなどの食材を沈め、その上に浮き実を乗せて撮影します。

料理写真の撮り方

会話が聞こえるような
オープンカフェを撮る

●主題●
ケーキとお茶
のセット

店におしゃれなオープンスペースがあったら、その雰囲気も料理の一つと考えましょう。訪れてみたくなるスペースに見せるには、外の環境をうまく活用した演出が効果的です。またティーセットを2組用意して向かい合わせに並べれば、会話が聞こえてくるように感じさせることができます。

外の景色を取り込んで、オープンなイメージを表現する

窓枠のサッシが写っていないだけで、室内から見た外の景色との違いは感じ取ってもらえますが、さらに道路やグリーンなどをさりげなく入れると効果が高まります。また右写真のように、人の手を入れてティータイムの演出を加えるのも効果的です。

通行人を利用して、オープンカフェらしさを演出

道路に面した場所なら、写真に通行人を取り入れてみましょう。人通りが多いようなら、あらかじめフレーミングしておき、通行人が通過するのを待ちます。画面上に人が入る位置も決めておくとよいでしょう。

《通行人が通るのを待つ》

《服の色が強すぎ》

ボケの要素を増やして、ゆったりとした時間を演出する

ティータイムの場面では、画面上にふんわりしたボケの要素を多くすると、時間がゆっくり流れているようなイメージになります。大きくぼかすためのポイントは、まずポートレートモードにし、さらに遠近の差を作ること。スマホカメラのすぐ手前に主題を持ってくれば、それ以外の背景が大きくぼけてくれます。

ほぼ同じ構図を写真モードで撮ったもの。全体がクッキリ写っていると、リアルな感じになります

《前ボケは不自然になることも》

前ボケは形が残りやすいので、後ボケのようにふんわりとぼけてくれません。ややうるさいときは、主題の前側（画面の下）よりも奥側（画面の上）に入れるとよいでしょう。

イメージ写真の背景やボケに使えるアイテム

オープンカフェのイメージ作りでは、テーブルに置くアイテムも重要になります。ぼかして入れる場合でも汚れなどが目に付くこともあるので、細部まで気を配りましょう。

《レースのクロス》

《ティーポットなど》

《グリーンや一輪挿し》

拡大イメージは、明るめ露出で浮き立たせる

ケーキや料理などを拡大してみせたいときは、通常よりも明るめの露出にすると印象がアップします。さらに言うと、背景はやや明るすぎるくらいのほうが主題に目が行きやすくなります。逆に暗めに撮ると黒ずんで見えるので、特に意図がなければ避けたいところです。

斜め上からの強いライトで、屋外の日差しを表現

比較的明るいオープンスペースでは、ライトボックスなどでデフューズした光より、そのままの光を使ったほうが効果がわかりやすくなります。この写真では、小皿のテカリに効果が表れています。曇りの日でも斜め上からの強い光があれば日差しがあるように見えるので、屋外の印象が高まります。

暗めに撮ると、背景が立って主題に目が行きません

白いクリームが黒ずまないよう、レフ板で起こす

ケーキの断面をアップで見せるときは、さらに露出に気を遣いましょう。確認のポイントは、白いクリームや明るめのスポンジ。この部分を暗く見せないことです。まずプラス補正で背景の濃さが気にならないくらいまで明るくし、ケーキの断面はレフ板をあてて明るくします。

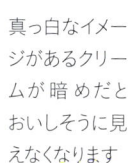

真っ白なイメージがあるクリームが暗めだとおいしそうに見えなくなります

料理写真の撮り方

セットメニューを
魅力的に写そう

●主題●
サンドイッチ
プレート

セットメニューは、まず主役の料理を魅力的に見せることが重要。いちばんおいしそうに見える所を画面いっぱいに写しましょう。大きく写すときのポイントは、色味や発色を確認しながら、露出やホワイトバランスを調整することです。

セット内容がわかるようにクッキリ写す

掴みになるイメージ写真は大切なものですが、メニュー写真では内容が一目でわかるような商品写真もキッチリ撮る必要があります。注文する人にセット品目を伝える意味もあるので、余分な装飾品は入れず、ぼかさずにクッキリ見せることが重要です。

《一部がぼけている写真はNG》

セットメニューに何が含まれているのかを示す目的があるので、内容を過不足なく伝えましょう。例えば、手前のトマトが写真を引き立てるための装飾用だったとしても、見た人はセットに含まれるものと捉えるからです。また、一部がぼけていると何が入っているのかがわかりにくくなるのでNGです

セットの'ウリ'は、個別にアピールしよう

セットメニューには、主役料理以外にも'ウリ'になる料理やデザートは含まれているでしょう。これらを個別に撮って掲載すれば、セット全体の価値が高まります。個々の料理写真には、タイトルや説明を付けておくとプレミア感が出ます。

●とろとろ卵と生ハムのサンド

●ほうれん草の絶品キッシュ

●季節のフルーツヨーグルト

背景を変えて昼夜のメニューを撮り分ける

プレートで出されるメニューは、プレートそのものや下に敷くテーブルクロスの色や柄で印象が変わります。ランチメニューならカジュアルな雰囲気が出る明るめなファブリックを。アフタヌーンやディナーメニューとして出すならシックなクロスを使うとよいでしょう。

明るめなファブリックでランチのイメージ

ランチプレートとして出すときは、ピクニックを連想させる明るい柄物のテーブルクロスがマッチします。そのほか、竹細工のトレイを使い、サンドイッチはキャンディ包みにしています。

シックなファブリックでディナーのイメージ

上の写真と同じプレートのクロスを、シックな印象のものに変えてみました。このイメージなら、ディナーメニューとして成り立ちそうです。

《重ねるとプレミアム感が出る》

クロスの上に色味の違うランチョンマット挟むと、プレミアム感が出せます

つられて注文したくなる'かぶりつき'写真

アップの写真のバリエーションとして人の手を加えると、今まさに食べようとする'かぶりつき'写真ができあがります。ポイントは画面からはみ出すように見せること。できるだけ大きくフレーミングし、背景を大きくぼかすことで引き込まれるようなイメージになります。

《全体にピントが合うと客観的に見えてしまう》
他の料理も見せようとして、背景をあまりぼかさずにフレーミングも控えめにしてしまうと、客観的な印象に。「食べたい！」という熱が冷めないよう、中途半端は避けましょう

色味とアイテムの工夫で季節感を表現する

季節によって変わる特別メニューは、リピーターを獲得する手段の一つになります。またフェアと称して、トップページに入れたり、ポスターにしたりすれば、新しい顧客の開拓にもつながるでしょう。ぜひ撮っておきたいのが、関連するメニューを一つにまとめたイメージ写真。季節感が出るもので装飾を加え、引き込まれるような1枚を作り上げましょう。

キャンドルの色味を生かす

キャンドルの色味をそのまま出すには、ホワイトバランス（WB）を「昼光」にします（Lightroomの場合）。

《WB：オート》

《WB：昼光、露出補正：－1》

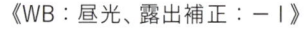

クロスや松笠で冬の季節らしさを表現

キャンドルの色はそのままでも暖かみを感じます。さらにマフラーのようなチェッククロスや松笠で演出し、冬らしさを表現しています。

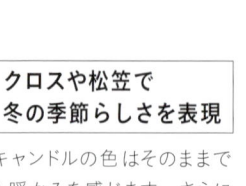

撮影アングルを変えて、バリエーションも撮っておこう

同じ素材を使って別バリエーションも撮っておくと、掲載媒体によって使い分けたり並べて
掲載したりと、さまざまな用途に使えるでしょう。この写真のように「撮影アングルを変える」、
「引きの構図にする」、「画面の縦横比を変える」といった方法があります。

《自分の影に注意すること》

俯瞰アングルは、自分の影（スマホ）が出やすいので注意！

個々のメニューも同じ雰囲気で撮ると、統一感が出る

イメージ写真に含めた個々のメニューは、同じ色味やライティングで撮ると統一
感が出ます。このとき、別途明るくして撮り直してもよいですし、イメージ写真か
ら抜き出してもよいでしょう。

店舗・インテリア写真の撮り方

訪れてみたくなる
店内写真の見せ方

●主題●
店内全体の
様子

店内の様子を伝えるには、できるだけ賑やかに見える場所や向きを選んで撮影するとよいでしょう。もちろん扱っている商品によって見せ方は異なりますが、気になる物がたくさん写っているほど、目に留まる機会は増えるでしょう。

賑やかなコーナーを広角→望遠で撮り分ける

雰囲気の良い店内にたくさんのものが並んでいる写真は、見るだけで期待感が高まります。店内全体を見せたら、トピックになりそうなコーナーを広角や望遠で見せるとよいでしょう。また賑やかさを見せたいので、多少場所が重複していてもかまいません。下の写真は、同じ場所を0.5倍と1倍で撮ったものですが、両方並べても違和感はありません。

雰囲気が出るホワイトバランスにしよう

ホワイトバランス（WB）を、オートで撮ってしまうと店内のライトによる色味が補正されてしまい、雰囲気は半減してしまいます。WBが設定可能なLightroomでは色みを変更しない「昼光」に、標準のカメラアプリなら仕上がりの設定を「ビビッド（暖かい）」にしておくとよいでしょう。

《WB：オート》

《WB：昼光》

写真がぶれやすいときは

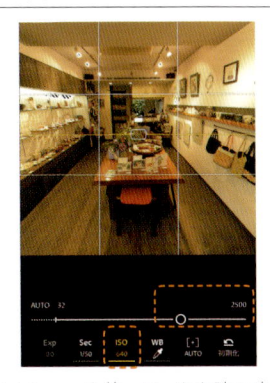

Lightroomを使って、やや暗い店内を撮影すると、写真のブレが多発することがあります。そんなときは、手動でISO感度を上げておくと、連動してシャッター速度が上がります（どちらを設定してもかまいません）。

飾り棚は、撮影アングルを工夫してみよう

商品をディスプレイする飾り棚は、上からのアングルで撮ると、どんな商品が並べられているかを大まかに掴むことができます。水平からのアングルや下からのアングル（右の例では最上段の棚から見て）は、部分的にしかわからないので、別途クローズアップした写真を加えましょう。

《水平からのアングル》

《上からのアングル（イスに乗って撮影）》

《下からのアングル》

置き台の段差を使って、背景を大きくぼかす

置き台の段差をうまく利用すれば、背景をぼかして商品にクローズアップすることができます。右のような状況では、複数の箸置きがスマホカメラからほぼ等距離になるので、全体を大きくぼかさずに見せることができます。

斜めアングルで大きくぼかして、見せたい商品を明確に

木製棚は、どんなクラフト商品を置いても雰囲気良く見せることができます。この写真のように周囲にたくさんの物がある場合、主題以外を大きくぼかすことで見せたい商品が明確になります。撮影のポイントは斜め方向からギリギリまで寄ることで、ピントを合わせた主題とぼかそうとする副題との間に距離ができ、大きくぼけたイメージ写真になります。

正面からだとボケは作りにくい

大きくぼかすためにはポートレートモードで撮ります。意図はイメージ写真なので、手前の商品以外はぼけていても、類似デザインのラインナップがあることが伝われば十分といえます

斜めからでも寄らないとぼけない

┤撮影のPoint├ バリエーションから抜き出して大きく見せよう

一点物の作品は、バリエーションそれぞれが個性を持っており、好みに合ったものを選ぶのも楽しいものです。複数のバリエーションがあるときは、大きく撮った写真と全体写真を並べることで、ほかにもあることを認識してもらえます。

店舗・インテリア写真の撮り方

ショーウィンドウの映り込みを生かす

●主題●
窓越しの
インテリア

ガラスのショーウィンドウは、意図しない雑多なものが映り込んでしまうやっかいな存在と思っていませんか？　でも映り込みをうまく利用すると、オシャレな空間を演出してくれます。「外から店内を写す」のも新鮮な視点です。

ガラス越しに店内の商品を写す

ショーウィンドウのガラスには、さまざまなものが映りますが、避けたいのが自分自身の姿。ちょっとカッコ悪い写真になってしまいます。これを避けるためには、正面からではなく斜めから狙うことです。撮影位置を移動しながら、何が映り込んでいるのかを確認しながら最適な位置を見つけましょう。良い映り込みがなくても、ガラスの反射を感じさせればOKです。

店内から外を写す

店内からガラス越しに外を写しても、わずかに映り込みは発生します。ぼかすと見えなくなるので、「写真」モードで撮りましょう。

撮影のPoint | 壁に映り込んだ影を切り取る

同じ映り込みでも、壁に映った影にも注目してみましょう。キラキラしたガラスの影、照明の角度によって変型した影など、面白いなと感じるものがあったら、何枚か写しておくと、ちょっとしたアクセントとして使えます。

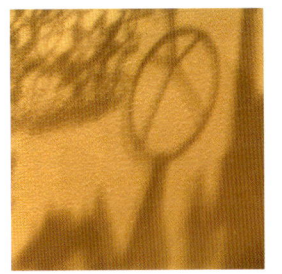

大きくぼかして
商品をクローズアップ

●主題●
ハンドメイド
作品

店内の商品をネットショップなどで販売したり、実店舗に赴いてもらうためには、個々の商品を魅力的に見せたいものです。店のイメージに沿って集められたハンドメイド品なら、陳列している様子もエッセンスの一つになります。

断面をレンズに近づけて大きく見せるとリアルさが増す

木製ボードや真鍮のハンガーに掛けられたアクセサリー、無造作にぶら下げられたバッグなど、陳列している様子をそのまま切り取った商品写真は、店の世界観を生かした見せ方といえます。「それを気に入った人がわかってくれればよい」という視点で、こだわりの部分をアピールしていきましょう。大きく2つの見せ方があります。

《陳列を見せてから、個々の商品にクローズアップする》

《全体を見せてから、部分を拡大して見せる》

撮影のPoint｜画面を傾けることで、見せ方に変化を付ける

全体から個々の紹介へ移るための中間写真は、イメージ的に撮ると見ている人を飽きさせません。その際、画面を傾けることでより変化が生まれます。また似ている陳列棚が複数あるとき、クローズアップする棚の切り替えにも有効です。

花を前ボケさせて、商品写真に色味を加える

前ボケは写真に変化を加えることができますが、スマホのカメラはデジタル処理によってボケを作っているため、後ボケに比べて不自然に見えることがあります。ここでは、ムラサキのアジサイを前ボケさせ、主題を引き立てる差し色として控えめに画面に入れました。

→

前ボケを作るときは、ピント位置に注意しましょう。基本的に手前側を優先するので、主題が中央にあれば上の写真のようになることはありません。ただ、右の写真では、手前側のベルトに合うことがありました

「ボケ＋マイナス補正」でシックな印象に

やや大きくぼかすとやわらかい印象になりますが、加えて露出をマイナス補正するとシックな感じに仕上がります。

→

マイナス補正を行う際は、暗くしすぎると商品のディテールがわかりにくくなるので注意しましょう

作者が意図したディスプレイを生かそう

不規則に並べられた革製品や焼き物の額。真っ直ぐ並べられたシリーズ物の皿など、ディスプレイ方法も個性の一つ。そのままを切り取るように写真にしてみましょう。

ハンドメイド作家が説明するためのメッセージカードを拡大して読ませるのも、飽きさせない工夫です

不規則に並べられた小さな額。見たままの雰囲気で平面的に捉えました。淡く、微妙な色なのでWBを合わせましょう

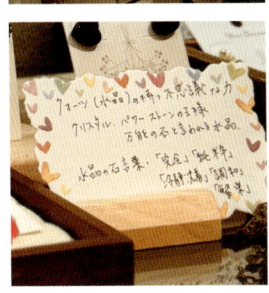

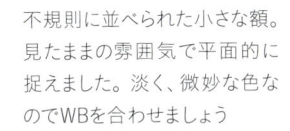

建物の外観写真は
目的によって撮り分ける

●主題●
店舗が入る
ビル

建物の外観写真は、料理店やインテリアショップの店舗紹介、不動産業界の建物紹介など、さまざまな用途で使う機会があります。ポイントは、使用目的によって撮り方を変えること。「イメージ重視なのか正確さ重視なのか」、「誇張したいのか」、「落ち着いた雰囲気を出したいのか」などを整理し、撮影しましょう。

　※建物やビルの外観写真を掲載する場合は、所有者や管理者等の許可が必要になることがあります。

「離れる」＋「望遠」で、パースのゆがみを解消する

パースが付いた建物写真は、変化があって目を引きます。その反面、正確な形状を知りたい場合には不向きです。よりパースを付けたいときには倍率を低くして（広角になる）、近づきます。一方、パースを減らしたいときは倍率を高くして（望遠になる）、離れるようにします。このとき、道路幅などの関係で下がれないときは角度を付けて狙うとよいでしょう。

《近づいて、上向き：0.5倍》　　《やや離れて水平に：0.5倍》　　《離れて撮影：0.75倍》

目立つ垂直線を目安にしよう

多少パースが付いていても、建物の目立つ部分の垂直線が真っ直ぐになっていれば、正確に見える写真になります。

斜めからのアングルで、広さや高さを強調できる

建物は周囲が囲まれていることが多く、全体を入れるのは限界があり、通常は斜めから角度を付けて撮ることになります。逆にこれを利用すると広さや高さを強調することができます。

《ほぼ正面》　　《斜めから狙い、広さを強調》　　《斜め＋上向きで、高さを強調》

建物・不動産紹介写真の撮り方

紹介する部屋を より印象良く見せる

●主題●
部屋の
内部

各部屋の様子を見せる物件写真は、内覧につながる第一印象を決定づけます。印象良く、かつ誇張しすぎないことがポイントで、「実際に見に行ったら写真と全然違う」というのは避けたいところ。印象アップには、人物を取り入れる方法があります。見る人が自分と重ね合わせることができ、より実感が湧くでしょう。

部屋全体をゆがみなく、広々と見せる

リビングなどの写真は、コーナーごとではなく部屋全体を写すと広々とした印象を与えます。ポイントは、部屋の端に立って広角（1倍以下）を使い、壁の高さの中央くらいから真っ直ぐ撮ること。上下に傾けるとパースが付いてしまうので注意しましょう。また下の写真のように、手前側のテーブルに近づいて撮ると、奥側との比較効果で広く感じさせることができます。

手前側に余裕を持たせて広さを強調する

広さを見せる撮り方として、手前側を多めにフレーミングする方法があります。下の比較では、右の写真のほうがバランスが取れた構図ですが、左のほうが広く感じられます。

一部分をフレーミングからカットしてしまうと、窮屈に感じます

全体写真に人物を入れると
スケール感がわかりやすい

家具や生活品などが何もない部屋は、写真で広々
と見えても、本当に広いのかわかりにくいもので
す。部屋全体を写した写真に人物が写っていれば
スケール感がわかってもらえます。たくさんある部
屋の写真の一部に入れるだけでも効果があります。

人物を部屋の中で動かしてみよう

人は部屋の中を動き回るのが常。そんな様子をとらえた写真を並べてみるのも面白いでしょう。
スマホを三脚に固定して、人物に動いてもらい同じアングルでシャッターを切るだけです。

トピックになる写真に人物を入れると実感が湧きやすい

不動産物件を見る人が写真から知りたいのは、間取りだけでなく、どの部屋でどんな生活ができるかということ。'売り'になるポイントを写す際に、生活感のあるポーズをとった人物を入れると実感しやすくなるでしょう。イメージ的な掴みにするのも良いかもしれません。

《人物なし》 《人物あり》

ゆったり感が出る'くつろぎ写真'でイメージアップ

日々生活する部屋は、ゆったりと過ごしたいもの。ともすれば無機的になりがちの物件写真の中に、ゆったり感をイメージさせる'くつろぎ写真'が入っていると、イメージアップにつながるでしょう。どんな写真にするかは、紹介者の意図や考え方次第です。

撮影アングルを変えて、印象的な写真にする

部屋を撮影するアングルは、いつも同じでは単調な印象を受けます。ハイアングル、ローアングルを使い分ければ、多くのバリエーションを作れます。ハイアングルはイスの上に乗って撮影しています。

第6章

スマホを使った
写真の補正と加工

iPhone の標準カメラアプリやGooglePhotoアプリ、
Lightroomモバイル版には、撮影機能のほか編集機能
が用意されています。本章は、スマホ上でできる基本
的な補正や加工について解説していきます。

6-01
「編集」メニューと基本調整

撮影後の写真を
思いどおりに調整する

ここでは、iPhoneのカメラアプリとLightroomモバイル版（iPhone、Android）
を使って、編集メニューの機能とその使い方、補正の仕方を解説します。

iPhoneの標準カメラアプリ

「カメラ」アプリまたは「写真」アプリで、サムネールを表示してから「編集」を選択します。な
お、編集後の写真は後から戻せますが、念のため、複製してから行うとよいでしょう。

編集画面

現在行っている「編集」作業

「編集」の終了

編集内容の保存

オプションメニュー

取り消し／やり直し

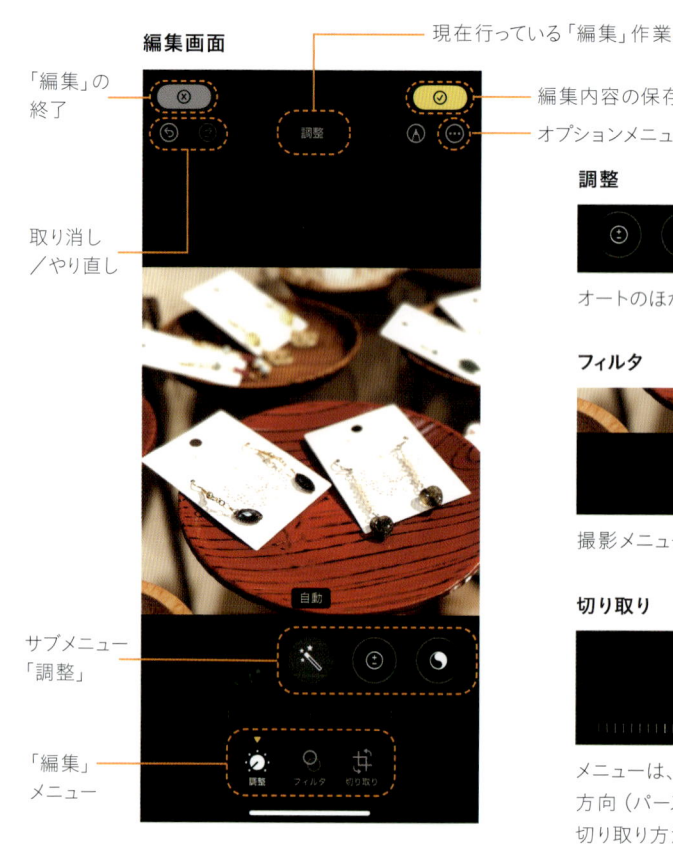

サブメニュー「調整」

「編集」メニュー

調整

オートのほか15種の項目を調整できます

フィルタ

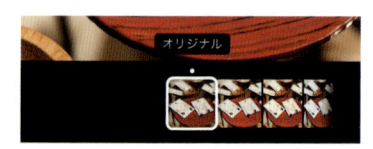

撮影メニューと同じ（10種）です

切り取り

メニューは、「傾き補正」、「縦方向と横
方向（パース調整）」、の3つがあります。
切り取り方法については、p.158を参照

Lightroomモバイル版の編集画面

編集画面を表示するには、Lightroomの初期画面から、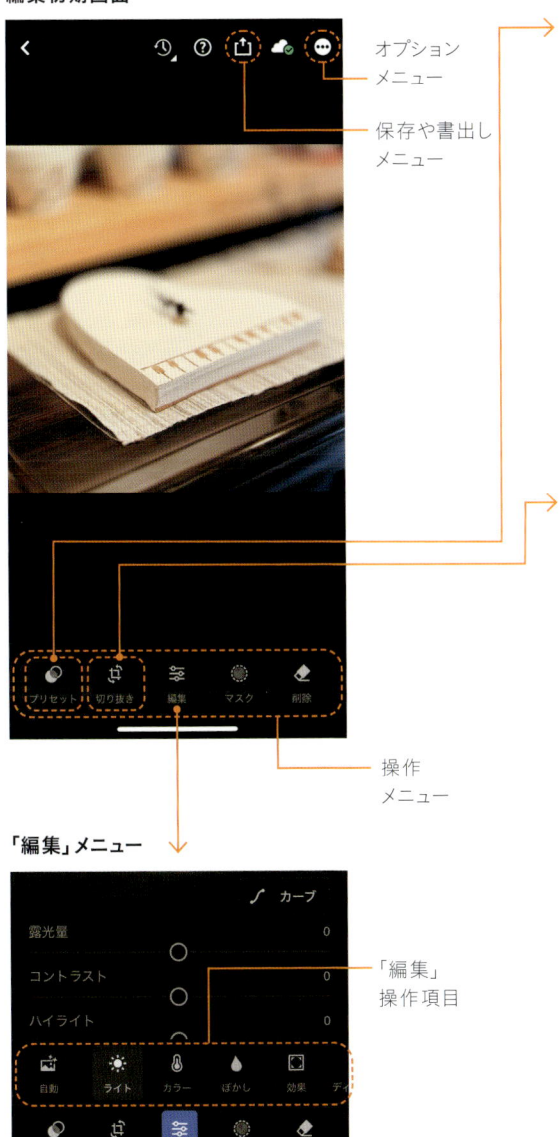 をタップします。

編集初期画面

オプション
メニュー

保存や書出し
メニュー

操作
メニュー

「プリセット」メニュー

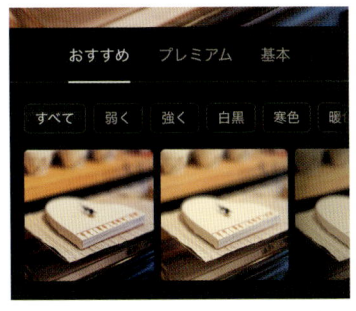

選択するだけで、写真のイメージを変更
できます（「おすすめ」はプレミアム版のみ）

「切り抜きとジオメトリ」メニュー

写真の切り抜きと遠近法の補正（ゆが
み、垂直・水平、回転、拡大・縮小など）
を行えます

「編集」メニュー

「編集」
操作項目

明るさの調整 —露出補正—

露出補正は、写真全体を明るくしたり、暗くしたりする機能です。撮影後に「もう少し明るくしたいな」といったときに使います。操作方法は、「調整」項目から「露出」を選び、画面を見ながら下に出る目盛りを左右に動かします。調整のコツは、補正しすぎないこと。やや控えめくらいに留めておくと、不自然な写真になるのを避けられます。以下は写真アプリの操作です。

露出の調整

補正が済んだら、ここをタップすると保存されます

保存しないときはここをタップします

画面をタップすると、補正前と補正後の画像を比較できます

目盛りを動かすとすぐ上に数値が表示されます

《補正前》

↓

《補正後》

| 撮影のPoint | **写真アプリにある主な「調整項目」** |

用途が近い機能もあるので、試してみましょう

- **露出** ……………… 写真全体の光量を調整
- **ブリリアンス** ……… 明暗をバランス良く均一化
- **ハイライト** ……………… 明るい部分のみを調整
- **シャドウ** ……………………… 暗い部分のみを調整
- **コントラスト** ……………………… 明暗差を調整
- **明るさ** ……………… 全体の明るさを均一に調整
- **ブラックポイント** ……… 陰影部分の濃さを調整
- **彩度** ………………………… 色の鮮やかさを調整
- **自然な彩度** ………… 彩度をバランス良く調整

明るさの調整 ―ハイライトとシャドウ―

露出補正は写真全体を調整するので、明暗差が大きいと「白トビ(明るいところがとんでしまう)」や「黒ツブレ(暗いところがつぶれてしまう)」が発生することがあります。これを防ぐには、「ハイライト」、「シャドウ」を使って調整するとよいでしょう。なお、ハイライトとシャドウの調整機能は、Lightroomのほか、GooglePhotoなど多くの写真アプリに備えられています。

ハイライトの調整

白トビを押さえたいときは、写真の明るい部分を見ながら、ディテールがわずかに残るようにマイナス側へ動かします

《ハイライトで白トビを押さえる》

左ページで露出を上げた写真を再度調整したもの。白トビ調整は、露出補正と合わせて行うとよいでしょう

シャドウの調整

《シャドウでつぶれた部分を起こす》

暗くて見えにくい部分を起こす(明るくする)ときは、プラス側へ動かします。ただし、ディテールが失われている場合は、補正はできません。また、ノイズが目立つことがあるので、極端な補正は避けましょう

シャドウを使い、ケーキの下部分やメッセージが書かれた菓子の暗部だけを明るくしています

《補正前》

→

《補正後》

ボケ量を後から変更する

カメラアプリの「ポートレート」モードでは、撮影時に f 値 (被写界深度) を変更することで、ボケ量を調整できます。同様に「編集」作業でも可能なので、後からじっくり検討して変更可能です。手順は「f」をタップするとスライダーの目盛りが出ます。値を小さくすればボケ量が増え、値を大きくすればボケ量が減って全体がクッキリ見えるようになります。

f 値 (被写界深度) の調整

補正が済んだら、ここをタップすると保存されます

f 値の変更ができるのは、「ポートレート」モードで撮影した写真のみです

「編集」メニューに f 値の調整が追加されています

目盛りを動かすとすぐ上に数値が表示されます

f 値によるボケ量の違い

《 f 1.4 》

《 f 4.5 》

《 f 16 》

※Androidでは、GooglePhotoアプリで写真をタップし、「編集」
→「ツール」→「ぼかし」でボケ量が後から変更可能です。

ピント位置を決めてボケ量を変更する

Lightroomモバイル版では、ピントの位置を決めたうえでボケ量を変更することができます。手順は「編集」メニューから「ぼかし」を選択します。ピント位置はAIによって判断しており、写真に人物が写っていると、自動的にピント位置を人物に設定してくれます。

ボケ量の変更

ぼかし量：50

ぼかしを半分程度にすると、背景のシャッターがぼけて、人物が浮き立つようになりました

ぼかし量：100

ぼかしを最大にすると、背景のシャッターが大きくぼけて、形が認識できなくなっています

焦点範囲の設定

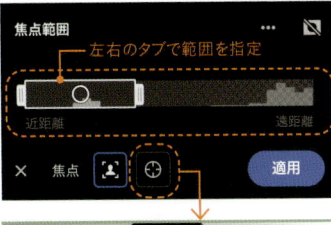

焦点範囲では、ピントを合わせる位置を距離と範囲で指定できます

焦点の位置は、人物なら自動判断しますが、指定することも可能です

変更の確定と書き出し

ぼかしの変更が確定したら、画面右下の✓をタップして「編集」メニューに戻ります。さらに、⬆をタップして「書き出し」を選んで保存形式を指定したうえで「画像を保存」すればOKです。

さまざまな写真加工

写真のイメージを
後処理で変更する

写真の基本的な調整は、補正の意味合いが強いものでした。ここでは、色味の変更、トリミング、パース調整などによって、イメージや表現方法を変える方法を解説します。また、切り抜き処理についても触れていきます。

色味の変更

カメラアプリによる色味の変更は、撮影時と同様にプリセットを選択する「フィルタ」機能で行えるほか、「編集」では、「彩度」と「自然な彩度」(色の濃さ)、「暖かみ(アンバー↔ブルー方向の調整)」と「色合い(マゼンタ↔グリーン方向の調整)」を使って行うことができます。

「フィルタ」機能

「調整」機能 ー「暖かみ」ー

項目名は「暖かみ」ですが、マイナス側に調整すると冷たさを感じるイメージになります。名称にとらわれず試してみましょう

「調整」機能 ー「色合い」ー

ピンクやグリーンをかぶせたようなイメージです

「ホワイトバランス」機能による色味変更

Lightroomモバイル版での色味変更は「ホワイトバランス」により行います。「編集」から「カラー」を選ぶと、右のような画面になります。調整項目はカメラアプリと同様ですが、ホワイトバランスの「色温度（アンバー↔ブルー方向の調整）」を調整するので、より強い色補正が可能です。マゼンタ↔グリーン方向の調整は「色かぶり補正」で行います。

「色温度」と色かぶり補正」を同時に適用して、極彩色のイメージに仕上げてみました

他の項目はスクロールで選択できます

写真のトリミング

トリミングとは、「写真の一部を切り取ること」で、「写真の余分な部分を削除すること」と言い換えることもできます。カメラアプリでは、編集メニューから「切り取り」を選びます。すると写真に8つのコーナーが表示されるので、トリミング範囲を指定します。

写真の反転と回転

縦横比の固定とフォーマット変更

「オリジナル」をタップすると、元の縦横比が維持されます

範囲を指定し終わると、自動的に切り取りが行われます

傾き補正（画像の回転）

水平であるはずの棚板や垂直であるはずの柱などが、わずかでも傾いていると気になるものです。カメラアプリで修正するには、「編集」の「切り取り」メニューにある「傾き補正」を使います。補正の操作は、写真を見ながら下のスライダーを左右に動かします。また、「自動」ボタンが出現していたら、ボタンをタッチするだけで補正されます。

 →

水平の目安になるものが写っていると「自動」ボタンが出現します。

パースのゆがみを修正する（遠近の調整）

スマホのカメラは広角〜超広角が基本になっているため、被写体を斜めや低い位置、高い位置から捉えるとゆがみが発生します。パースがゆがんでいるなと感じたら補正してみましょう。修正は、「編集」→「切り取り」→「縦方向」または「横方向」を使います（下の例は「横方向」）。

《プラス側に補正》

《マイナス側に補正》

Lightroom「自動ジオメトリ」で建物のパースを補正する

建物や建築写真で撮影位置が近いとき、大きくパースが付いてしまうことがあります。Lightroomモバイル版には、写真画像の垂直や水平を判断して自動で補正してくれる機能があります（プレミアム版）。操作は、「編集」から「切り抜きとジオメトリ」を選び、「自動ジオメトリ」ボタンをタップするだけです。なお、補正した分だけトリミングが必要になるので、建物の周囲に余裕のある写真を使いましょう。

補正した分の余白が出ます　　　余白をトリミングします

切り抜き写真を作る

切り抜き写真とは、被写体の形に合わせて切り抜いた写真のこと。できあがった写真は、白背景の写真にしたり、別の写真に貼り付けて合成したりといった用途に使います。カメラアプリでは、写真を開き切り抜きたい被写体を長押しすると自動的に切り抜きが行われます。

写真を表示します　　　とっくり部分を長押しで、切り抜き

切り抜かれた画像は、「コピー」して別のアプリに貼り付ける、「共有」から「画像を保存」するなどで利用します

●装丁・本文デザイン……………… 渡辺ひろし
●カバー・本文イラスト…………… 渡辺ひろし
●企画・編集………………………… イエローテールコンピュータ
●状況写真………………………… 高原マサキ、YTC
●フードコーディネート…………… 鈴木翔子（フードスタイリスト）
●モデル…………………………… 宮下ゆりか（NEGI Inc.）、高原旬平
●担当……………………………… 藤澤奈緒美

●撮影協力………………………… ギャラリー麻百百 https://galleryasamomo.com
　　　　　　　　　　　　　　　　スタジオマド小岩 山崎亜沙子 https://studio-mado.com
　　　　　　　　　　　　　　　　WOOLSEY（ウールジィ）
●アクセサリー協力……………… 有限会社スタジオ・バラック
　　　　　　　　　　　　　　　　（コスチュームジュエリーを中心としたアクセサリー・ジュエリーの企画・制作）

SNS・ネットショップ・フリマで映える
スマホで撮る商品写真
［小物・料理・人物・インテリア］

2024年　9月10日　初版　第1刷発行

著　者　　高原 マサキ
発行者　　片岡 巌
発行所　　株式会社技術評論社
　　　　　東京都新宿区市谷左内町 21-13
　　　　　電話　03-3513-6150　販売促進部
　　　　　　　　03-3513-6166　書籍編集部
印刷／製本　株式会社シナノ

定価はカバーに表示してあります。

造本には細心の注意を払っておりますが、万一、乱丁（ペ
ージの乱れ）や落丁（ページの抜け）がございましたら、
小社販売促進部までお送りください。送料小社負担にて
お取り替えいたします。

ISBN978-4-297-14365-7 C3055
Printed in Japan

●問い合わせについて
　本書に関するご質問は、FAX か書面でお願
いいたします。電話での直接のお問い合わせ
にはお答えできませんので、あらかじめご了
承ください。また、下記の Web サイトでも
質問用フォームを用意しておりますので、ご
利用ください。

https://gihyo.jp/book/2024/978-4-
297-14365-7/support

　ご質問の際には、書籍名と質問される該当
ページ、返信先を明記してください。e-mail
をお使いになられる方は、メールアドレスの
併記をお願いいたします。
　なお、ご質問は、本書に記載されている内
容に関するもののみとさせていただきます。

◆問い合わせ先
〒 162-0846
　東京都新宿区市谷左内町 21-13
　株式会社 技術評論社　書籍編集部
「SNS・ネットショップ・フリマで映える
　スマホで撮る商品写真」係
　FAX：03-3513-6183
　Web サイト：https://gihyo.jp/book